轨道交通装备制造业职业技能鉴定指导丛书

压缩机工

中国中车股份有限公司　编写

中国铁道出版社

2016年·北京

图书在版编目(CIP)数据

压缩机工/中国中车股份有限公司编写．—北京：中国铁道出版社，2016.4

(轨道交通装备制造业职业技能鉴定指导丛书)

ISBN 978-7-113-21576-7

Ⅰ.①压…　Ⅱ.①中…　Ⅲ.①压缩机－职业技能－鉴定－自学参考资料　Ⅳ.①TH45

中国版本图书馆CIP数据核字(2016)第042060号

书　　名：轨道交通装备制造业职业技能鉴定指导丛书

压缩机工

作　　者：中国中车股份有限公司

策　　划：江新锡　钱士明　徐　艳

责任编辑：陶赛赛　　　　编辑部电话：010-51873065

编辑助理：袁希翀

封面设计：郑春鹏

责任校对：孙　玫

责任印制：陆　宁　高春晓

出版发行：中国铁道出版社(100054，北京市西城区右安门西街8号)

网　　址：http://www.tdpress.com

印　　刷：北京海淀五色花印刷厂

版　　次：2016年4月第1版　2016年4月第1次印刷

开　　本：787 mm×1 092 mm　1/16　印张：7.75　字数：183千

书　　号：ISBN 978-7-113-21576-7

定　　价：25.00元

序

在党中央、国务院的正确决策和大力支持下，中国高铁事业迅猛发展。中国已成为全球高铁技术最全、集成能力最强、运营里程最长、运行速度最高的国家。高铁已成为中国外交的金牌名片，成为高端装备“走出去”的大国重器。

中国中车作为高铁事业的积极参与者和主要推动者，在大力推动产品、技术创新的同时，始终站在人才队伍建设的重要战略高度，把高技能人才作为创新资源的重要组成部分，不断加大培养力度。广大技术工人立足本职岗位，用自己的聪明才智，为中国高铁事业的创新、发展做出了杰出贡献，被李克强同志亲切地赞誉为“中国第一代高铁工人”。如今在这支近 9.2 万人的队伍中，持证率已超过 96%，高技能人才占比已超过 59%，有 6 人荣获“中华技能大奖”，有 50 人荣获国务院“政府特殊津贴”，有 90 人荣获“全国技术能手”称号。

高技能人才队伍的发展，得益于国家的政策环境，得益于企业的发展，也得益于扎实的基础工作。自 2002 年起，中国中车作为国家首批职业技能鉴定试点企业，积极开展工作，编制鉴定教材，在构建企业技能人才评价体系、推动企业高技能人才队伍建设方面取得明显成效。

中国中车承载着振兴国家高端装备制造业的重大使命，承载着中国高铁走向世界的光荣梦想，承载着中国轨道交通装备行业的百年积淀。为适应中国高端装备制造技术的加速发展，推进国家职业技能鉴定工作的不断深入，中国中车组织修订、开发了覆盖所有职业(工种)的新教材。在这次教材修订、开发中，编者基于对多年鉴定工作规律的认识，提出了“核心技能要素”等概念，创造性地开发了《职业技能鉴定技能操作考核框架》。试用表明，该《框架》作为技能人才综合素质评价的新标尺，填补了以往鉴定实操考试中缺乏命题水平评估标准的空白，很好地统一了不同鉴定机构的鉴定标准，大大提高了职业技能鉴定的公平性和公信力，具有广泛的适用性。

相信《轨道交通装备制造业职业技能鉴定指导丛书》的出版发行，对于推动高技能人才队伍的建设，对于企业贯彻落实国家创新驱动发展战略，成为“中国制造2025”的积极参与者、大力推动者和创新排头兵，对于构建由我国主导的全球轨道交通装备产业新格局，必将发挥积极的作用。

中国中车股份有限公司总裁：

二〇一五年十二月二十八日

前　言

鉴定教材是职业技能鉴定工作的重要基础。2002年，经原劳动保障部批准，原中国南车和中国北车成为国家职业技能鉴定首批试点中央企业，开始全面开展职业技能鉴定工作。2003年，根据《国家职业标准》要求，并结合自身实际，我们组织开发了《职业技能鉴定指导丛书》，共涉及车工等52个职业(工种)的初、中、高3个等级。多年来，这些教材为不断提升技能人才素质、满足企业转型升级的需要发挥了重要作用。

随着企业的快速发展和国家职业技能鉴定工作的不断深入，特别是以高速动车组为代表的世界一流产品制造技术的快步发展，现有的职业技能鉴定教材在内容、标准等诸多方面，已明显不适应企业构建新型技能人才评价体系的要求。为此，公司决定修订、开发《轨道交通装备制造业职业技能鉴定指导丛书》。

本《丛书》的修订、开发，始终围绕打造世界一流企业的目标，努力遵循“执行国家标准与体现企业实际需要相结合、继承和发展相结合、质量第一、岗位个性服从于职业共性”四项工作原则，以提高中国中车技术工人队伍整体素质为目的，以主要和关键技术职业为重点，依据《国家职业标准》对知识、技能的各项要求，力求通过自主开发、借鉴吸收、创新发展，进一步推动企业职业技能鉴定教材建设，确保职业技能鉴定工作更好地满足企业发展对高技能人才队伍建设工作的迫切需要。

本《丛书》修订、开发中，认真总结和梳理了过去12年企业鉴定工作的经验以及对鉴定工作规律的认识，本着“紧密结合企业工作实际，完整贯彻落实《国家职业标准》，切实提高职业技能鉴定工作质量”的基本理念，以“核心技能要素”为切入点，探索、开发出了中国中车《职业技能鉴定技能操作考核框架》；对于暂无《国家职业标准》、又无相关行业职业标准的38个职业，按照国家有关《技术规程》开发了《中国中车职业标准》。自2014年以来近两年的试用表明：该《框架》既完整反映了《国家职业标准》对理论和技能两方面的要求，又适应了企业生产和技术工人队伍建设的需要，突破了以往技能鉴定实作考核缺乏水平评估标准的“瓶颈”，统一了不同产品、不同技术含量企业的鉴定标准，提高了鉴定考核的技术含量，提高了职业技能鉴定工作质量和管理水平，保证了职业技能鉴定的公平性和公信力，已经成为职业技能鉴定工作、进而成为生产操作者综合技术素质评价的新标尺。

本《丛书》共涉及99个职业(工种),覆盖了中国中车开展职业技能鉴定的绝大部分职业(工种)。《丛书》中每一职业(工种)又分为初、中、高3个技能等级,并按职业技能鉴定理论、技能考试的内容和形式编写。其中:理论知识部分包括知识要求练习题与答案;技能操作部分包括《技能考核框架》和《样题与分析》。本《丛书》按职业(工种)分册,已按计划出版了第一批75个职业(工种)。本次计划出版第二批24个职业(工种)。

本《丛书》在修订、开发中,仍侧重于相关理论知识和技能要求的应知应会,若要更全面、系统地掌握《国家职业标准》规定的理论与技能要求,还可参考其他相关教材。

本《丛书》在修订、开发中得到了所属企业各级领导、技术专家、技能专家和培训、鉴定工作人员的大力支持;人力资源和社会保障部职业能力建设司和职业技能鉴定中心、中国铁道出版社等有关部门也给予了热情关怀和帮助,我们在此一并表示衷心感谢。

本《丛书》之《压缩机工》由原长春轨道客车股份有限公司《压缩机工》项目组编写。主编吴冰,副主编刘丽红;主审李铁维,副主审闫洪臣;参编人员刘国文。

由于时间及水平所限,本《丛书》难免有错、漏之处,敬请读者批评指正。

中国中车职业技能鉴定教材修订、开发编审委员会

二〇一五年十二月三十日

目　录

压缩机工(职业道德)习题

一、填空题

1. 职业道德建设是公民(　　)的落脚点之一。

2. 如果全社会职业道德水准(　　),市场经济就难以发展。

3. 职业道德建设是发展市场经济的一个(　　)条件。

4. 企业员工要自觉维护国家的法律、法规和各项行政规章,遵守市民守则和有关规定,用法律规范自己的行为,不做任何(　　)的事。

5. 爱岗敬业就要恪尽职守,脚踏实地,兢兢业业,精益求精,干一行,爱一行(　　)。

6. 企业员工要熟知本岗位安全职责和(　　)规程。

7. 企业员工要积极开展质量攻关活动,提高产品质量和用户满意度,避免(　　)发生。

8. 提高职业修养要做到:正直做人,坚持真理,讲正气,办事公道,处理问题要(　　)、合乎政策、结论公允。

9. 职业道德是人们在一定的职业活动中所遵守的(　　)的总和。

10. (　　)是社会主义职业道德的基础和核心。

11. 人才合理流动与忠于职守、爱岗敬业的根本目的是(　　)。

12. 市场经济是法制经济,也是德治经济、信用经济,它要靠法制去规范,也要靠(　　)良知去自律。

13. 文明生产是指在遵章守纪的基础上去创造(　　)而又有序的生产环境。

14. 遵守法律、执行制度、严格程序、规范操作是(　　)。

15. 操作人员应掌握触电急救和人工呼吸方法,同时还应掌握(　　)的扑救方法。

16. 操作人员应具有高尚的职业道德和高超的(　　),才能做好维修工作。

17. 职业纪律和与职业活动相关的法律、法规是职业活动能够正常进行的(　　)。

18. 个体职业能力的提高除了在实践中磨练和提高之外,最有效的途径就是接受(　　)。

19. 要评价从业人员职业能力的高低,最主要也是最便捷的途径就是(　　)。

20. 公民道德建设是一个复杂的社会系统工程,要靠教育,也要靠(　　)、政策和规章制度。

21. 职业综合能力也称为(　　)。

22. 员工要熟知本岗位安全职责和安全操作规程,增强自我保护意识,按时参加班组安全教育,正确使用防护用具用品,经常检查所用、所管的设备、工具、仪器、仪表的(　　)状态,不违章指挥,不违章冒险作业。

23. 信用建立在法制的基础之上,需要(　　)作保障。

24. 道德的内容包括三个方面:道德意识、道德关系、(　　)。

25. 树立职业信念的思想基础是提高(　　)认识。

26. 职业工作者认识到无论哪种职业，都是社会分工的不同，并无高低贵贱之分，可以笼统地称为职业工作者树立了正确的(　　)。

27. 职业化是一种按照职业道德要求的工作状态的(　　)、规范化、制度化。

28. 敬业的特征是(　　)、务实、持久。

29. 从业人员在职业活动中应遵循的内在的道德准则是(　　)。

30. 员工的思想、行动集中起来是(　　)的核心要求。

31. 职业化管理不是靠直觉和灵活应变，而是靠(　　)、制度和标准。

32. 职业活动内在的道德准则是(　　)、审慎、勤勉。

33. 职业化的核心层面是(　　)。

34. 建立员工信用档案体系的根本目的是为企业选人用人提供新的(　　)。

35. 不管职位高低，人人都厉行(　　)。

36. 班组长及所有操作工在生产现场和工作时间内必须穿(　　)。

37. 企业生产管理的依据是(　　)。

二、单项选择题

1. 道德可以依靠内心信念的力量来维持对人们行为的调整。内心信念是指(　　)。

(A)调整人们之间以及个人与社会之间关系的行为规范

(B)善恶观念为标准来评价人们在社会生活中的各种行为

(C)依靠信念、习俗和社会舆论的力量来调整人们在社会关系中的各种行为

(D)一个人发自内心的对某种道德义务的强烈责任感

2. 市场经济是法制经济，也是德治经济、信用经济，它要靠法制去规范，也要靠(　　)良知去自律。

(A)法制　(B)道德　(C)信用　(D)经济

3. 在竞争越来越激烈的时代，企业要想立于不败之地，个人要想脱颖而出，良好的职业道德，尤其是(　　)十分重要。

(A)技能　(B)作风　(C)信誉　(D)观念

4. 遵守法律、执行制度、严格程序、规范操作是(　　)。

(A)职业纪律　(B)职业态度　(C)职业技能　(D)职业作风

5. 爱岗敬业是(　　)。

(A)职业修养　(B)职业态度　(C)职业纪律　(D)职业作风

6. 提高职业技能与(　　)无关。

(A)勤奋好学　(B)勇于实践　(C)加强交流　(D)讲求效率

7. 严细认真就要做到：增强精品意识，严守(　　)，精益求精，保证产品质量。

(A)国家机密　(B)技术要求　(C)操作规程　(D)产品质量

8. 树立用户至上的思想，就是增强服务意识，端正服务态度，改进服务措施达到(　　)。

(A)用户至上　(B)用户满意　(C)产品质量　(D)保证工作质量

9. 清正廉洁，克己奉公，不以权谋私，不行贿受贿，是(　　)。

(A)职业态度　(B)职业修养　(C)职业纪律　(D)职业作风

10. 职业道德是促使人们遵守职业纪律的(　　)。

(A)思想基础 (B)工作基础 (C)工作动力 (D)理论前提

11. 在履行岗位职责时,( )。

(A)靠强制性 (B)靠自觉性

(C)当与个人利益发生冲时可以不履行 (D)应强制性与自觉性相结合

12. 下列叙述正确的是( )。

(A)职业虽不同,但职业道德的要求都是一致的

(B)公约和守则是职业道德的具体体现

(C)职业道德不具有连续性

(D)道德是个性,职业道德是共性

13. 下列叙述不正确的是( )。

(A)德行的崇高,往往以牺牲德行主体现实幸福为代价

(B)国无德不兴、人无德不立

(C)从业者的职业态度是既为自己,也为别人

(D)社会主义职业道德的灵魂是诚实守信

14. 产业工人的职业道德的要求是( )。

(A)精工细作、文明生产 (B)为人师表

(C)廉洁奉公 (D)治病救人

15. 下列对质量评述正确的是( )。

(A)在国内市场质量是好的,在国际市场上也一定是最好的

(B)今天的好产品,在生产力提高后,也一定是好产品

(C)工艺要求越高,产品质量越精

(D)要质量必然失去数量

16. 掌握必要的职业技能是( )。

(A)每个劳动者立足社会的前提 (B)每个劳动者对社会应尽的道德义务

(C)为人民服务的先决条件 (D)竞争上岗的唯一条件

17. 分工与协作的关系是( )。

(A)分工是相对的,协作是绝对的 (B)分工与协作是对立的

(C)二者没有关系 (D)分工是绝对的,协作是相对的

18. 下列提法不正确的是( )。

(A)职业道德+一技之长=经济效益 (B)一技之长=经济效益

(C)有一技之长也要虚心向他人学习 (D)一技之长靠刻苦精神得来

19. 下列不符合职业道德要求的是( )。

(A)检查上道工序、干好本道工序、服务下道工序

(B)主协配合,师徒同心

(C)粗制滥造,野蛮操作

(D)严格执行工艺要求

20. 办事公道是指职业人员在进行职业活动时要做到( )。

(A)原则至上,不徇私情,举贤任能,不避亲疏

(B)奉献社会,襟怀坦荡,待人热情,勤俭持家

(C)支持真理，公私分明，公平公正，光明磊落
(D)牺牲自我，助人为乐，邻里和睦，正大光明
21. 爱岗敬业、忠于职守、团结协作、认真完成工作任务、钻研(　　)、提高技能。
(A)业务　　(B)理论　　(C)科技　　(D)技术
22. 以下关于诚实守信的认识和判断中，正确的选项是(　　)。
(A)诚实守信与经济发展相矛盾
(B)诚实守信是市场经济应有的法则
(C)是否诚实守信要视具体对象而定
(D)诚实守信应以追求利益最大化为准则
23. 建立在一定的利益和义务的基础之上，并以一定的道德规范形式表现出来的特殊的社会关系是(　　)。
(A)道德关系　　(B)道德情感　　(C)道德理想　　(D)道德理论体系
24. 不同于其他的行为准则，能够区分善与恶、好与坏、正义与非正义的行为准则是(　　)。
(A)法律规范　　(B)政治规范　　(C)道德理论体系　　(D)道德规范
25. 集体主义原则的出发点和归宿是(　　)。
(A)集体利益高于个人利益
(B)集体利益服从个人利益
(C)集体利益与个人利益相结合
(D)集体利益包含个人利益
26. 保证起重机具的完好率和提高其使用(　　)，是起重机具管理工作的非常主要的内容。
(A)效率　　(B)效果　　(C)频率　　(D)次数
27. 爱护公物，要关心爱护、保护国家和企业的财产，敢于同一切(　　)和浪费公共财物的行为作斗争。
(A)破坏　　(B)损坏　　(C)损害　　(D)破害
28. 质量方针规定了企业的质量(　　)和方向，与企业总的经营宗旨相适应。
(A)宗旨　　(B)目标　　(C)措施　　(D)责任
29. 抓好重点，对关键部位或影响质量的(　　)因素，确定管理点，进行重点控制。
(A)关键　　(B)相关　　(C)重要　　(D)重点
30. 对待你不喜欢的工作岗位，正确的做法是(　　)。
(A)干一天，算一天　　(B)想办法换自己喜欢的工作
(C)做好在岗期间的工作　　(D)脱离岗位，去寻找别的工作
31. 从业人员在职业活动中应遵循的内在的道德准则是(　　)。
(A)爱国、守法、自强　　(B)求实、严谨、规范
(C)诚心、敬业、公道　　(D)忠诚、审慎、勤勉
32. 关于职业良心的说法中，正确的是(　　)。
(A)如果公司老板对员工好，那么员工干好本职工作就是有职业良心
(B)公司安排做什么，自己就做什么，是职业良心的本质
(C)职业良心是从业人员按照职业道德要求尽职尽责地做工作

(D)一辈子不“跳槽”是职业良心的根本表现

33. 关于职业道德,正确的说法是(　　)。

(A)职业道德是从业人员职业资质评价的唯一指标

(B)职业道德是从业人员职业技能提高的决定性因素

(C)职业道德是从业人员在职业活动中应遵循的行为规范

(D)职业道德是从业人员在职业活动中的综合强制要求

34. 关于“职业化”的说法中,正确的是(　　)。

(A)职业化具有一定合理性,但它会束缚人的发展

(B)职业化是反对把劳动作为谋生手段的一种劳动观

(C)职业化是提高从业人员个人和企业竞争力的必由之路

(D)职业化与全球职场语言和文化相抵触

35. 我国社会主义思想道德建设的一项战略任务是构建(　　)。

(A)社会主义核心价值体系　　(B)公共文化服务体系

(C)社会主义荣辱观理论体系　　(D)职业道德规范体系

36. 职业道德的规范功能是指(　　)。

(A)岗位责任的总体规定效用　　(B)规劝作用

(C)爱干什么,就干什么　　(D)自律作用

37. 我国公民道德建设的基本原则是(　　)。

(A)集体主义　　(B)爱国主义　　(C)个人主义　　(D)利己主义

38. 关于职业技能,正确的说法是(　　)。

(A)职业技能决定着从业人员的职业前途

(B)职业技能的提高,受职业道德素质的影响

(C)职业技能主要是指从业人员的动手能力

(D)职业技能的形成与先天素质无关

39. 一个人在无人监督的情况下能够自觉按道德要求行事的修养境界是(　　)。

(A)诚信　　(B)仁义　　(C)反思　　(D)慎独

三、多项选择题

1. 职业道德指的是职业道德是所有从业人员在职业活动中应遵循的行为准则,涵盖了(　　)的关系。

(A)从业人员与服务对象　　(B) 上级与下级

(C) 职业与职工之间　　(D)领导与员工

2. 职业道德建设的重要意义是(　　)。

(A)加强职业道德建设,坚决纠正利用职权谋取私利的行业不正之风,是各行各业兴旺发达的保证。同时,它也是发展市场经济的一个重要条件

(B)职业道德建设不仅建设精神文明的需要,也是建设物质文明的需要

(C)职业道德建设对提高全民族思想素质具有重要的作用

(D)职业道德建设能够提高企业的利润,保证盈利水平

3. 企业主要操作规程有(　　)。

(A)安全技术操作规程　(B)设备操作规程
(C)工艺规程　(D)岗位规程

4. 职业作风的基本要求有(　　)。
(A)严细认真　(B)讲求效率　(C)热情服务　(D)团结协作

5. 职业道德的主要规范有大力倡导以爱岗敬业、(　　)为主要内容的职业道德。
(A)诚实守信　(B)办事公道　(C)服务群众　(D)奉献社会

6. 社会主义职业道德的基本要求是(　　)。
(A)诚实守信　(B)办事公道
(C)服务群众奉献社会　(D)爱岗敬业

7. 职业道德对一个组织的意义是(　　)。
(A)直接提高利润率　(B)增强凝聚力
(C)提高竞争力　(D)提升组织形象

8. 从业人员做到真诚不欺,要(　　)。
(A)出工出力　(B)不搭"便车"
(C)坦诚相待　(D)宁欺自己,勿骗他人

9. 从业人员做到坚持原则要(　　)。
(A)立场坚定不移　(B)注重情感
(C)方法适当灵活　(D)和气为重

10. 执行操作规程的具体要求包括(　　)。
(A)牢记操作规程　(B)演练操作规程
(C)坚持操作规程　(D)修改操作规程

11. 中车集团要求员工遵纪守法,做到(　　)。
(A)熟悉日常法律、法规　(B)遵守法律、法规
(C)运用常用法律、法规　(D)传播常用法律、法规

12. 从业人员节约资源,要做到(　　)。
(A)强化节约资源意识　(B)明确节约资源责任
(C)创新节约资源方法　(D)获取节约资源报酬

13. 下列属于《公民道德建设实施纲要》所要提出的职业道德规范是(　　)。
(A)爱岗敬业　(B)以人为本　(C)保护环境　(D)奉献社会

14. 在职业活动的内在道德准则中,"勤勉"的内在规定性是(　　)。
(A)时时鼓励自己上进,把责任变成内在的自主性要求
(B)不管自己乐意或者不乐意,都要约束甚至强迫自己干好工作
(C)在工作时间内,如手头暂无任务,要积极主动寻找工作
(D)经常加班符合勤勉的要求

15. 职工个体形象和企业整体形象的关系是:(　　)。
(A)企业的整体形象是由职工的个体形象组成的
(B)个体形象是整体形象的一部分
(C)职工个体形象与企业整体形象没有关系
(D)没有个体形象就没有整体形象,整体形象要靠个体形象来维护

四、判 断 题

1. 抓好职业道德建设,与改善社会风气没有密切的关系。( )

2. 职业道德也是一种职业竞争力。( )

3. 企业员工要认真学习国家的有关法律、法规,对重要规章、制度、条例达到熟知,不需知法、懂法,不断提高自己的法律意识。( )

4. 热爱祖国,有强烈的民族自尊心和自豪感,始终自觉维护国家的尊严和民族的利益是爱岗敬业的基本要求之一。( )

5. 热爱学习,注重自身知识结构的完善与提高,养成学习习惯,学会学习方法,坚持广泛涉猎知识,扩大知识面,是提高职业技能的基本要求之一。( )

6. 坚持理论联系实际不能提高自己的职业技能。( )

7. 企业员工要:讲求仪表、着装整洁、体态端正、举止大方、言语文明、待人接物得体树立企业形象。( )

8. 让个人利益服从集体利益就是否定个人利益。( )

9. 忠于职守的含义包括必要时应以身殉职。( )

10. 市场经济条件下,首先是讲经济效益,其次才是精工细作。( )

11. 质量与信誉不可分割。( )

12. 将专业技术理论转化为技能技巧的关键在于凭经验办事。( )

13. 敬业是爱岗的前提,爱岗是敬业的升华。( )

14. 厂规、厂纪与国家法律不相符时,职工应首先遵守国家法律。( )

15. 道德建设属于物质文明建设范畴。( )

16. 做一个称职的劳动者,必须遵守职业道德,职业道德也是社会主义道德体系的重要组成部分。职业道德建设是公民道德建设的落脚点之一,加强职业道德建设是发展市场经济的一个重要条件。( )

17. 诚实守信是社会主义职业道德的主要内容和基本原则。诚实是守信的基础,守信是诚实的具体表现。( )

18. 法律对道德建设的支持作用表现在两个方面:“规定”和“惩戒”,即通过立法手段选择进而推动一定道德的普及,通过法律惩治严重的不道德行为。( )

19. 社会主义财经职业道德的基本原则是为民理财原则和自主原则。( )

20. 献身科学是科学发展的内在要求,是科技工作者应具备的品质,是科技道德的首要规范。( )

21. 职业道德教育是客观的社会的职业道德活动,而职业道德修养则是个人的主观的道德活动。( )

22. 良好的职业素养是做好本职工作的重要条件。( )

23. 培养职业作风,最根本的是要加强对从业者的思想道德教育,使从业者逐步树立为人民服务的世界观、人生观、道德观。( )

24. 质量方针是根据企业长期经营方针、质量管理原则,质量振兴纲要,国家颁布的质量法规,市场经营变化而制定的。( )

25. 对于集体主义,可以理解为集体有责任帮助个人实现个人利益。( )

26. 道德不仅对社会关系有调节作用,而且对人们行为有教育作用。(　　)
27. 职业选择属于个人权利的范畴,不属于职业道德的范畴 。(　　)
28. 敬业度高的员工虽然工作兴趣较低,但工作态度与其他员工无差别。(　　)
29. 社会分工和专业化程度的增强,对职业道德提出了更高要求。(　　)

压缩机工(职业道德)答案

一、填空题

1. 道德建设　2. 低下　3. 重要　4. 违法
5. 干好一行　6. 安全操作　7. 质量事故　8. 出于公正
9. 行为规范　10. 爱岗敬业　11. 一致的　12. 道德
13. 整洁、安全、舒适、优美　14. 职业纪律　15. 电气火灾
16. 技术水平　17. 基本保证　18. 教育和培训　19. 职业能力测试
20. 法律　21. 职业核心能力　22. 安全　23. 法律制度
24. 道德活动　25. 职业道德　26. 职业观　27. 标准化
28. 主动　29. 忠诚、审慎、勤勉　30. 集体主义　31. 职业道德
32. 忠诚　33. 职业化素养　34. 参考依据　35. 节约
36. 劳保皮鞋　37. 生产计划

二、单项选择题

1. D　2. B　3. C　4. A　5. B　6. D　7. C　8. B　9. B
10. A　11. D　12. B　13. D　14. A　15. C　16. C　17. A　18. B
19. C　20. C　21. A　22. B　23. A　24. D　25. A　26. A　27. A
28. A　29. A　30. C　31. D　32. C　33. C　34. C　35. A　36. A
37. A　38. B　39. D

三、多项选择题

1. AC　2. ABC　3. ABC　4. ABCD　5. ABCD　6. ABCD　7. BCD
8. ABC　9. AC　10. ABC　11. ABCD　12. ABC　13. AD　14. AC
15. ABD

四、判断题

1. ×　2. √　3. ×　4. √　5. √　6. ×　7. √　8. ×　9. √
10. ×　11. √　12. ×　13. ×　14. ×　15. ×　16. √　17. √　18. √
19. ×　20. √　21. √　22. √　23. √　24. √　25. ×　26. √　27. ×
28. ×　29. √

压缩机工(初级工)习题

一、填 空 题

1. 目前企业所用的压缩机属于(　　)。
2. 机械工厂动力用压缩空气的压力一般在(　　)MPa 以下。
3. 工作中要求测量精度在 0.02 mm 时,应选用的测量工具是(　　)。
4. 交接班时设备发生故障,(　　)进行处理。
5. 空压机站供给压缩机冷却系统的主要水源是(　　)。
6. 压缩空气管道颜色应为(　　)。
7. 额定排气压力为 0.8 MPa 的压缩机均属于(　　)空压机。
8. 管道输送压缩空气的压力一般应是(　　)MPa。
9. 在检修空压机时常用的移动照明灯电压不应超过(　　)V。
10. 在空压机配电柜中起失压保护的电器是(　　)。
11. 压缩风的介质是(　　)。
12. 水冷式螺杆压缩机一般采用(　　)冷却。
13. 安全阀作为一种保护装置,当处于全开状态时的流量应(　　)压缩机的排气量。
14. 安全阀的阀瓣在运行条件下开始升起时的进口压力称为(　　)。
15. 安全阀排放后阀瓣回落重新与阀座接触时的进口压力称为(　　)。
16. 安全阀的阀瓣达到规定开启高度时的压力称为(　　)。
17. 标准或规范规定的安全阀的排放压力的上限值称为(　　)。
18. 机械工厂动力用压缩空气一般在 0.7 MPa 以下,管网中的储气罐属于(　　)压力容器。
19. 600 马力螺杆空压机一般的耗水量为(　　)t/h。
20. (　　)会导致排气量降低。
21. 螺杆空压机换油的原因之一是润滑油中机械杂质的含量高于(　　)。
22. 不属于排气系统中的部件是(　　)。
23. 当压缩机卸载或停机时,(　　)便自动打开,放气泄压。
24. 油气分离器上设有两只(　　),当分离器内的压力超过设定值时,它们便自动打开,迅速放气泄压,确保机组安全。
25. 螺杆空压机冷却水的温度若高于(　　)℃,气冷和油冷应各自设置进出水管,不能串联。
26. 螺杆空压机排气系统中,蝶阀的作用相当于(　　)。
27. 疏水阀的作用是(　　)。
28. 经油气分离器分离的润滑油最终回到(　　)。

29. STOP 表示(　　)。
30. STANDBY 表示(　　)。
31. STARTING 表示(　　)。
32. OFF LOAD 表示(　　)。
33. ON LOAD 表示(　　)。
34. FULL LOAD 表示(　　)。
35. RTM STOP 表示(　　)。
36. SEQ STOP 表示(　　)。
37. HRS RUN 表示(　　)。
38. HRS LOAD 表示(　　)。
39. P_1 表示(　　)。
40. P_2 表示(　　)。
41. T_1 表示(　　)。
42. T_2 表示(　　)。
43. dp_1 表示(　　)。
44. dp_2 表示(　　)。
45. MOTOR 表示(　　)。
46. POWER 表示(　　)。
47. ON 表示(　　)。
48. INLET FILTER 表示(　　)。
49. dp_1 灯光闪烁,则表示必需要更换(　　)。
50. dp_2 灯光闪烁,则表示必需要更换(　　)。
51. 热量的单位名称是(　　)。
52. 物体单位面积上所受的压力叫做(　　)。
53. 绝对温度单位用(　　)表示。
54. 储气罐应装设(　　)。
55. 螺杆空压机定保间隔期为(　　)。
56. 用千分尺测量圆柱形工件的直径时,直接从尺上读数,这种测量方法是(　　)。
57. (　　)是法定长度计量单位的基本单位。
58. 5 英分写成(　　)。
59. 同轴度属于(　　)公差。
60. 1 cm=(　　)mm。
61. 1 in=(　　)mm。
62. 压力表的量程应是工作压力的(　　)倍。
63. 气体管道阀门和储气罐,每(　　)应进行一次清扫。
64. 安全阀的作用是(　　)。
65. 冷却水应接近中性,其暂时硬度≤(　　)。
66. 供气压力低于额定排气压力,可能的原因是任意的(　　)。
67. 供气压力低于额定排气压力,可能的原因有(　　)。

68. 螺杆空压机的分类按(　　)方式的不同,分为无油压缩机和喷油压缩机。

69. 螺杆空压机的分类按被压缩(　　)的不同,分为空气压缩机、制冷压缩机和工艺压缩机三种。

70. 螺杆空压机的分类按(　　)形式的不同,分为移动式和固定式、开启式和封闭式。

71. 螺杆空压机正常运行时,技术参数 T_1 的正常范围是(　　)。

72. 螺杆空压机正常运行时,技术参数 ΔP_1 的正常范围是(　　)。

73. 螺杆空压机正常运行时,技术参数 $P_{排}$ 的正常范围是(　　)。

74. 当监控器发出过滤器的维护信号时面板上 ΔP_2 灯光(　　),应对油过滤器进行维护,及时更换滤芯。

75. 压强的标准单位名称是(　　)。

76. 气体的压力是气体的(　　)运动对容器壁面撞击的平均结果。

77. 摄氏温度单位用(　　)表示。

78. 储气罐是为减弱压缩机排气的(　　)脉动。

79. 气体的压力大小用单位面积上所承受(　　)的大小来表示。

80. 压缩空气可以通过加压、降温、(　　)等方法来除去其中的水蒸气。

81. 气体的压力的方向总是垂直于容器的(　　)。

82. 空压机作为一种气体(　　)的转换设备被广泛应用于生活生产的各个环节。

83. 能量从一物体传到另一物体可以由(　　)两种方式来实现。

84. 监控器通过液晶显示器(　　)显示机组的工作状态。

85. 公司使用的螺杆空压机是(　　)润滑的容积式压缩机。

86. TS、LS 系列螺杆空压机是(　　)压缩机。

87. 螺杆空压机对比活塞式空压机的风含油量(　　)。

88. 螺杆空压机对比活塞式空压机的风含水量(　　)。

89. 螺杆空压机对比活塞式空压机的(　　)积碳。

90. 螺杆空压机的安全性比活塞式空压机的安全性(　　)。

91. 螺杆空压机的排风温度远远(　　)活塞式空压机。

92. 由于螺杆空压机生产的风中含油量相对较少,所以对碳钢管道腐蚀相对(　　)。

93. 由于螺杆空压机生产的风中含油量相对较少,所以对碳钢阀门腐蚀相对(　　)。

94. 室外储气罐及附属阀门在冬季很容易发生(　　)现象。

95. 操作者每天检查循环水池最少(　　)次。

96. 螺杆空压机要求每(　　)min 巡回检查一次。

97. 螺杆空压机循环水池水位应保持在(　　)以上。

98. 公司空压站的循环水泵在冬季必须每天(　　)h 连续运转,以防冻坏管道影响生产。

99. 空压站冷却塔的材质是(　　)。

100. 空压站每台冷却塔的冷却能力为(　　)t/h。

101. 新式喷油螺杆式空气压缩机将极大地提高(　　),大大减少维护工作。

102. 与活塞压缩机相比,螺杆压缩机的独到之处在于它极高的(　　)可靠性。

103. 螺杆压缩机其工作部件达到了“耐磨损”与“(　　)”的工艺要求。

104. 做好压缩机维护,对保持寿力压缩机高效(　　)非常有效。

105. 压缩机各部件及相关位置。机组由压缩机主机、电动机、起动器、进气系统、排气系统、冷却润滑系统、气量调节系统、仪表板、(　　)、油气分离器和疏水阀组成。

106. 压缩机机组所有部件都安装在一个(　　)的底座之上。

107. 空冷机组中,空气在风扇的牵引下带走电机处产生的热量并通过后冷却器排到机壳外,同时冷却器带走压缩空气和(　　)本身的热量。

108. 水冷机组中,壳管式水冷却器装在压缩机支架上,冷却水进入冷却器带走油液产生的热量,同时另一冷却器对(　　)进行冷却。

109. 螺杆压缩机无论风冷机组或是水冷机组,其需维护的部件如油过滤器、控制阀、(　　)都是很容易进行的。

110. 空气压缩机组中一个重要部件是一单级容积式、(　　)螺杆压缩机。

111. 空气压缩机能提供稳定(　　)的压缩空气。

112. 空气压缩机主机无需保养和(　　)检查。

113. 润滑油可减低因高频压缩所产生的(　　)。

114. 压缩空气很大程度上不受高温、灰尘、(　　)的影响。

115. 在寒冷地区,水分结冰会造成管道冻结或(　　)。

116. 在螺杆旋转吸入空气时,润滑油被喷入压缩机机体内,与空气直接(　　)。

117. 压缩机润滑油具有冷却作用,它可有效控制压缩(　　)引起的温升。

118. 压缩机润滑油具有密封作用,它填补了螺杆与壳体及螺杆与螺杆之间的(　　)的间隙。

119. 压缩机润滑油具有润滑作用,可以在转子间形成润滑油膜,以使主动螺杆得以直接(　　)从动螺杆。

120. 油气混合物流经分离器后,油与空气分离,空气进入(　　),油被冷却后再次喷入压缩机。

121. 冷却润滑系统(风冷机组)包括风扇,双轴驱动电机,板翅式后冷却器,油冷却器、(　　)、温控阀、内部连接金属管和软管。

122. 在水冷机组中,用壳管式冷却器和(　　)调节阀取代风冷机组中的圆柱式冷却器。

123. 润滑油的(　　)由系统中的压差推动,从油气分离罐流向主机的各工作点。

124. 压缩机工作中,当油温低于 170 ℉(77 ℃),温控阀(　　),油不经冷却直接流过油过滤器,到各工作点。

125. 润滑油由于吸收压缩过程产生的热量,油温逐渐(　　)。

126. 压缩机工作中,当油温高于 170 ℉(77 ℃),温控阀开始(　　)。

127. 压缩机工作中,当油温高于 170 ℉(77 ℃),(　　)油流入冷却器。冷却后的油流入油过滤器,然后进入主机。

128. 在所有的机型中都有部分润滑油被送入支承(　　)的耐磨轴承。

129. 油液在进入压缩机之前,首先经过油过滤器,以确保流向(　　)的油液的洁净。

130. 油过滤器总成由一个可更换滤芯和内部压力旁通阀组成,当仪表板上的(　　)指针指向红色区域时,必须更换过滤器。

131. 当压缩机在运行时,须定时检查(　　)的读数。

132. 压缩机水冷机组配有水量调节阀,它能根据机组不同(　　)调节冷却水流量,停机时，阀自动关闭，起截止阀作用。

133. 压缩机水冷机组还带有一个水压(　　)，确保压缩机在适当的水压下运行。

134. 加压后的油气混合物从压缩机出来，进入油气(　　)罐。

135. 分离器有三个作用：作为初级分离器使用、作为压缩机储油罐使用、作为装有(　　)油分离器使用。

136. 油气混合物进入油气分离罐，撞击弧形表面，流速大大降低，流向改变，形成大的(　　)，由于它们较重，大部分落入罐体底部。

137. 油气混合物其余少部分油在流经分离芯时分离出来，沉积在分离芯底部。分离芯底部引出一根回油管，接回压缩机入口；回油管上有视镜，还有(　　)(前装过滤器)保证回油稳定。

138. 经过过滤分离的压缩空气含油量会低于(　　)。

139. 在仪表盘上装有油气分离器(　　)，当指针指向红色区域时，必须更换油气分离器滤芯。

140. 当压缩机在满负载下运行时，必须定时检查压差(　　)。

141. 在油气分离器之后装有最小压力阀，以保证油气分离罐压力在(　　)下不低于50 Psig(3.5 bar)，该压力是保证油路正常地运行的最低压力。

142. 最小压力阀内设有止回阀，能防止停机及卸载时管线压缩空气的(　　)。

143. 油气分离罐装有安全阀，当油气分离罐压力超过罐压(　　)时，安全阀自动打开。

144. 温度开关在排气温度高于(　　)(113 ℃)时停机。

145. 压缩机运转或带压状态下不能拆卸螺帽，(　　)及其他零件。如需拆卸，必须停机并放掉全部内压。

146. 为防止油加注过量，(　　)设在油气分离罐外部较低的位置上。

147. 通过试油镜可察看油气分离罐中的(　　)。

148. 控制系统能根据所需的压缩空气量调节压缩机(　　)。

149. 当管线压力大约超过加载压力 10 Psig(0.7 bar)左右时，在控制系统作用下，机组放空卸载，这能大大降低(　　)。

150. 控制系统包括进气阀(位于压缩空气进口处)，放空阀，(　　)，压力调节开关和压力调节器。

151. 可以通过压缩机运行中的四种不同状态说明控制系统的(　　)。

152. 启动时控制器压力范围是 0～50 Psig(　　)。

153. 按下起动按钮，压缩机起动，控制气从小储气罐中放出，(　　)进气阀。

154. 压缩机从轻载开始起动，当达设定时间(一般 6 s 后)会自动切换到满(　　)状态，在此过程中，压力调节器和电磁阀一直关闭。此时进气阀全开，机组满载运行。

155. 压缩机起动后，分离罐内压力迅速从 0 升到 50 Psig(0～3.5 bar)最小压力阀关闭，系统与(　　)断开；最小压力阀的设定在 50 Psig(3.5 bar)左右。

156. 常规运行时控制气压力范围是 50～115 Psig(3.5～7.9 bar)后，(　　)打开，压缩空气进入供气管。

157. 常规运行，压缩空气进入供气管，自此开始，管线压力由压力调节开关(一般设定为125 Psig(8.6 bar))和管线压力表监控。在此状态下，(　　)和电磁阀仍然关闭，进气阀也不动作,一直处于全开状态。

158. 气量调节时控制气压力范围是115～125 Psig(7.9～8.6 bar),若所需气量低于额定排气量,排气压力上升,当超过115 Psig(7.9 bar)时,压力调节器动作。将控制气输送到进气阀内的活塞,部分关闭进气阀,(　　)进量,使供气与用气平衡,使压力维持在115～125 Psig(7.9～8.6 bar)之间。

159. 控制系统根据管线压力的需要,不断地来回调节(　　)。

160. 压力调节器上有一小孔,可在调节进气阀时放掉少部分(　　),同时放掉控制管路中的水气。

161. 控制系统能根据所需的压缩空气量调节压缩机进气量。该控制系统包括(　　)、压力调节器、进气阀。

162. 自动运行模式,电脑控制板的“自动”模式按钮,能满足用户(　　)的要求,当你按下“自动”按钮,压缩机会根据用气需求随时开机或关机。

163. 压缩机进气系统包括干式空气过滤器、(　　)和进气阀。

164. 仪表板上有反映空气过滤器状态的维修指示器,如果空滤器的流动阻力太大,维修指示器会跳出(　　),此时需维护过滤器。

165. 螺杆空压机的进气阀,它的开启程度由压力调节器根据需求量来调节。停机时,进气阀关闭,起(　　)的作用。

二、单项选择题

1. 在实际工作中,有时遇到英制的尺寸单位。为了方便起见,将英制尺寸换算成公制尺寸。其换算关系为:1 in等于(　　)mm。

(A)20　　(B)25.4　　(C)10　　(D)1.0

2. 据一般观察,通过人体的电流大约在(　　)A以下的交流电和0.05 A以下的直流电时,不致于有生命危险,如果超过此值情况就非常危险,心脏会停止跳动,呼吸器官麻醉而致死。

(A)0.5　　(B)0.6　　(C)0.01　　(D)1.0

3. 生产现场原用的压力计量单位与法定单位的换算:1标准大气压等于(　　)kgf/cm^2。

(A)3.0　　(B)1.033 3　　(C)2.0　　(D)1.0

4. 绝对温度T与摄氏温度t的换算关系:$T=$(　　)℃。

(A)$2+t$　　(B)$27+t$　　(C)$273.16+t$　　(D)$73.16+t$

5. 绝对压力($P_{绝}$)、表压力($P_{表}$)、当地大气压($P_{大气}$)三者的换算关系为(　　)。

(A)$P_{绝}=P_{大气}+P_{空气}$　　(B)$P_{绝}=P_{大气}+P_{表}$

(C)$P_{绝}=P+P_{空气}$　　(D)$P_{绝}=P_{大气}+P$

6. 承压设备及管网发现有泄漏应在(　　)方可进行处理。

(A)断电后　　(B)运行后　　(C)停车后　　(D)开车前

7. 铜制设备的常用焊接方法有三种:锡焊、黄铜气焊、(　　)。

(A)银焊　　(B)气焊　　(C)电焊　　(D)氩弧焊

8. 电器设备着火时,不可用泡沫灭火器,而要用(　　)灭火器灭火。

(A)氧气　　(B)二氧化碳　　(C)干粉　　(D)氮气

9. 温度是分子热运动平均(　　)的量度,表现为物体的冷热程度。

(A)电流　(B)弹性　(C)动能　(D)压力

10. 欧姆定律是流过负载的(　　)I 与负载两端的电压 V 成正比,与负载的电阻 R 成反比。

(A)熔断器　(B)热断电器　(C)电流　(D)继电器

11. 淬火是将钢加热到(　　)以上,保温一定时间使奥氏体化后,再以大于临界冷却速度进行快速冷却,从而发生马氏体转变的热处理工艺。

(A)临界点　(B)氧气　(C)氮气　(D)二氧化碳

12. 间隙配合是孔与轴(　　)时,有间隙(包括最小间隙等于零)的配合。

(A)装配　(B)摩擦　(C)啮合　(D)转动

13. 在标准大气压下,以冰的融点作为 0 ℃,水的(　　)作为 100 ℃,在 0～100 ℃之间分成一百等份,每一等份为一度,这种刻度方法称为摄氏温标。

(A)沸点　(B)冰点　(C)冷冻点　(D)零点

14. 流量是单位时间内流过的(　　)数量。

(A)介质　(B)回座压力　(C)排放压力　(D)压力

15. 金属材料的机械性能包括(　　)、塑性、强度、硬度、韧性、抗疲劳性等。

(A)整定压力　(B)弹性　(C)排放压力　(D)压力

16. 使用游标卡尺前应检查它的零位是否对准,即当两卡脚测量面接触时,主副尺(　　)是否对齐。

(A)数值　(B)刻度　(C)排放压力　(D)压力

17. 孔 $\phi(25+0.021)$mm 与轴 $\phi25$ 组成的配合是(　　)。

(A)整体配合　(B)过渡配合　(C)过盈配合　(D)紧密配合

18. 压缩机润滑系统的润滑油至少应进行(　　)次过滤,以清除其中的杂质。

(A)两　(B)一　(C)三　(D)四

19. 温度是造成润滑油氧化的最主要的原因,从 60 ℃开始,温度每升高 8～10 ℃,氧化速度将增加(　　)倍。

(A)19　(B)2～3　(C)39　(D)69

20. 1 工程大气压,记作 1 at,1 at=(　　)MPa。

(A)0.5　(B)0.1　(C)10　(D)6

21. 1 MPa=(　　)kgf/cm^2。

(A)0.5　(B)1　(C)10　(D)6

22. 1 物理大气压记作 1 atm,1 atm=(　　)kgf/cm^2。

(A)10　(B)20　(C)1.033　(D)0.5

23. 空气压缩机按工作原理分为速度式压缩机和(　　)式压缩机两大类。

(A)止逆阀　(B)容积　(C)安全阀　(D)阀门

24. 螺杆空压机的主机内有一对相互啮合的(　　),在电机驱动下高速旋转。

(A)止逆阀　(B)放空阀　(C) 转子　(D)阀门

25. 螺杆空压机的吸气系统主要由(　　)和进气控制阀组成。

(A)止逆阀　(B)安全阀　(C)空气滤清器　(D)阀门

26. 螺杆空压机的润滑油起(　　)、润滑和密封的作用。

(A)换热　(B)冷却　(C)升温　(D)升压

27. 空压机的进气控制器由(　　)和气缸调节机构组成。

(A)放空阀　(B)进气阀　(C)蝶阀　(D)排气阀

28. 吸气系统中蝶阀的功能是控制进气量,机组满负荷时,蝶阀处于(　　)状态。

(A)半闭　(B)全开　(C)全闭　(D)半开

29. 排气系统中蝶阀的作用相当于最小压力阀,当油气分离器中的压力大于(　　)MPa时,蝶阀打开,机组向外供气。

(A) 0.35　(B)1　(C)0.5　(D)0.6

30. 疏水阀的作用是将压缩空气中的(　　)分离出来,并自动排出机外。

(A)温水　(B)循环水　(C)冷凝水　(D)自来水

31. 止逆阀的作用是当(　　)卸载或停机时,阻止管网中的气体倒流。

(A)压缩机　(B)干燥器　(C)制冷机　(D)打压器

32. 油气分离器由罐体和(　　)组成。

(A)密封　(B)滤芯　(C)外壳　(D)过滤器

33. 压缩空气中少量润滑油经油气分离器分离出来,并积聚到滤芯的底部,然后通过两根回油管,回到(　　),吸入工作腔。

(A)主机放空阀　(B)主机排气口　(C)主机进气口　(D)主机转子

34. 水管路系统中,进水管接通(　　),即先冷却气,后冷却油。

(A)后冷　(B)水冷　(C)油冷　(D)风冷

35. 冷却水的温度应≤30 ℃,若高于(　　)℃,气冷和油冷应各自设置进出水管。

(A)37　(B)32　(C)30　(D)40

36. 气量调节系统的功能是根据客户用气量的大小,自动调节压缩机的(　　),以便达到供需平衡,节省能源。

(A)遥控停机　(B)待机　(C) 进气量　(D)运行

37. 螺杆空压机的监视器键盘上,停止按钮,即手动停机和消除报警信号的按钮是(　　)。

(A)停机按钮　(B)机组停止运行按钮

(C)遥控停机按钮　(D)自动运行按钮

38. 螺杆空压机的监视器键盘上,手动按钮,即在无报警信号下启动机组,同时选择手动运行模式,如机组正在运行,能消除报警信号的按钮是(　　)。

(A)运行按钮　(B)停止按钮　(C)手动按钮　(D)自动按钮

39. 螺杆空压机的监视器键盘上,在无报警信号下启动机组,同时,选择自动运行模式的按钮是(　　)。

(A)自动按钮　(B)压力按钮　(C)遥控按钮　(D)停机按钮

40. 螺杆空压机的监视器键盘上,编程按钮,即进入编程模式,可修改某些控制参数的设定值的按钮是(　　)按钮。

(A)PL　(B) PROG　(C)PLC　(D)RL

41. 螺杆空压机的监视器键盘上,即在状态显示模式下更换显示项目,在参数设置模式下增加数值的按钮是(　　)。

(A)上行箭头 (B)下行箭头 (C)平行箭头 (D)移动箭头

42. 螺杆空压机的监视器键盘上,即在状态显示模式下更换显示项目,在参数设置模式下减小数值的按钮是( )。

(A)上行箭头 (B)下行箭头 (C)平行箭头 (D)移动箭头

43. 空压机常用的安全附件有压力表、温度计和( )。

(A)放空阀 (B)安全阀 (C)蝶阀 (D)排气阀

44. 空压机所用轴承有滚动轴承和( )。

(A)主轴承 (B)球轴承 (C) 滑动轴承 (D)压力轴承

45. 冷油器、冷却器、冷凝器的热量传递形式是( )。

(A)传导对流 (B)辐射对流 (C)传导换热 (D)辐射冷却

46. 黏度是润滑油重要的( )指标之一,也是润滑油分类的依据。

(A)黏性 (B)性能 (C)性质 (D)能量

47. 对于螺杆空压机,油气分离器内油位太低会导致( )过高。

(A)进气温度 (B)进气压力 (C)排气温度 (D)排气压力

48. 对于螺杆空压机,油气分离器滤芯堵塞会导致( )过高。

(A)进气温度 (B)排气温度 (C)排气压力 (D)进气压力

49. 对于螺杆空压机,空气滤清器阻塞会导致供气压力低于( )。

(A)额定排气压力 (B)管线压力 (C)进气压力 (D)排气压力

50. 对于螺杆空压机,压力传感器 P_2 故障会导致管线压力高于卸载压力的( )。

(A)额定值 (B)最大值 (C)设定值 (D)最小值

51. 压缩气体的办法有两种( )和动能压缩。

(A)容积压缩 (B)离心压缩 (C)轴流压缩 (D)混流压缩

52. 容积式压缩的原理是将一定量的连续气体截留于某种容器内,减小其体积从而使( ),然后将压缩气体推出容器。

(A)压力循环 (B)压力不变 (C)压力升高 (D)压力降低

53. 绝热压缩是一种在压缩过程中( )不产生明显传入或传出的压缩过程。

(A)气体温度 (B)气体能量 (C)气体热量 (D)气体动能

54. 等温压缩是一种在压缩过程中气体保持( )的压缩过程。

(A)温度不变 (B)压力不变 (C)容积不变 (D)管路不变

55. 空气来作压缩介质因为空气是可压缩、清晰透明的并且输送方便( )、无害性、安全、取之不尽。

(A)易溶解 (B)不蒸发 (C)不凝结 (D)易结冰

56. 常态空气规定压力为( )、温度为 20 ℃ 、相对湿度为 36%状态下的空气为常态空气。

(A)0.3 MPa (B)0.1 MPa (C)0.5 MPa (D)0.7 MPa

57. 容积流量是指在单位时间内压缩机吸入( )下空气的流量。

(A)标准状态 (B)进入状态 (C)状态 (D)吸入状态

58. 冷冻式干燥机的干燥原理是通过降低压缩空气的( )析出水分,然后将空气再加热到接近原来的温度。

(A)体积 (B)流量 (C)湿度 (D)压力

59. 螺杆空压机的进气过程:当转子经过入口时,空气从(　　)主机。

(A)径向吸入　(B)轴向吸入　(C)横向排出　(D)纵向排出

60. 螺杆空压机的封闭过程:转子经过入口后,一定体积的空气被密封在两个转子形成的(　　)。

(A)压缩腔内　(B)轴向吸入　(C)膨胀腔内　(D)转子腔内

61. 螺杆空压机的压缩及输送:随着转子的转动,压缩腔的体积逐渐减小,空气压力(　　)。

(A)升高　(B)减低　(C)平衡　(D)不变

62. 空压机各轴承温度应在(　　)以内。

(A)3～5 ℃　(B)45～75 ℃　(C)55～75 ℃　(D)45～70 ℃

63. 空压机司机必须经过专门的安全教育,经考试合格,并有(　　)合格证,才准许独立操作。

(A)化验　(B)安全操作　(C)装置　(D)分析

64. 空压机修理时,必须切断电源,并在电源开关上挂有人工作,(　　)的标志牌。

(A)严禁补水　(B)严禁合闸　(C)严禁开机　(D)严禁操作

65. 冷却水软化处理方法目前有:(　　)。

(A)利用过滤器处理　(B)利用磁水器处理

(C)利用分离器处理　(D)利用疏水器处理

66. 润滑油油质必须(　　)后方可使用。

(A)经化验合格　(B)螺旋阀关闭　(C)螺旋阀损坏　(D)关闭

67. 空压机运转前必须将中间冷却器放水阀(　　)将存水放掉以免启动时发生水击。

(A)常开　(B)关闭　(C)打开　(D)堵塞

68. 空压机与储气罐之间排气管上装止回阀是为了防止压缩机停机时压缩空气的(　　)。

(A)撞击　(B)冲击　(C)倒流　(D)喷射

69. 在交接班时,如接班人员没有按时接班,交班人员应(　　)、继续工作并及时向领导汇报。

(A)坚守岗位　(B)脱离岗位　(C)停用设备　(D)撤离岗位

70. 空压机上的安全阀的空压应为工作压力的(　　)倍。

(A)1.1　(B)1　(C)2　(D)1.5

71. 冷却器,风包沉积水油较多主要是由于(　　)有漏泄现象。

(A)进气系统　(B)控制系统　(C)冷却系统　(D)阻力系统

72. 冷却器,风包沉积水油较多主要是(　　)较高,给油过多造成。

(A)空气温度　(B)空气压力　(C)空气湿度　(D)空气杂质

73. 一般熔断器用作短路保护,而热继电器则用作电动机的(　　)保护。

(A)过载　(B)熄灭　(C)开启　(D)失压

74. 在法定长度计量单位中,常用的长度单位的名称有千米,记作(　　)。

(A)kg　(B)m　(C)km　(D)P

75. 在法定长度计量单位中,常用的长度单位的名称有米,记作(　　)。

(A)kg　(B)m　(C)N　(D)W

76. 在法定长度计量单位中,常用的长度单位的名称有分米,记作(　　)。
(A)N　　(B)F　　(C)dm　　(D)m
77. 在法定长度计量单位中,常用的长度单位的名称有厘米,记作(　　)。
(A) ℃　　(B)F　　(C)cm　　(D)T
78. 在法定长度计量单位中,常用的长度单位的名称有毫米,记作(　　)。
(A)mm　　(B) ℃　　(C)F　　(D)T
79. 螺杆空压机中,蝶阀的作用是(　　)。
(A)控制进气量　　(B)冷却　　(C)循环　　(D)润滑
80. 在机械制图中,尺寸标注采用的长度单位是(　　)。
(A)牛顿　　(B)马力　　(C)毫米　　(D)焦耳
81. 压缩机排气量的单位为(　　)。
(A)mm^3/min　　(B)m^3/min　　(C)cm^3/min　　(D)dm^3/min
82. 转速在500转/分的压缩机是(　　)转速压缩机。
(A)低　　(B)静　　(C)高　　(D)超
83. 大、中型空气压缩机一般采用自来水或(　　)进行冷却。
(A)等温水　　(B)循环水　　(C)冷却水　　(D)纯净水
84. 气缸的润滑方式可分为飞溅润滑和(　　)两种。
(A)压力润滑　　(B)有油润滑　　(C)无油润滑　　(D)单级润滑
85. 气阀分为强制阀和(　　)阀两大类。
(A)无油　　(B)自动　　(C)手动　　(D)无水
86. 设备检修时,必须拉闸,摘保险,由(　　),其他人员不得乱动。
(A)组员挂检验牌　　(B)专人挂检验牌
(C)班长挂运行牌　　(D)组员挂运行牌
87. 垂直于投影面的平行光线照射物体,在投影面上形成的投影称为(　　)。
(A)侧投影　　(B)正投影　　(C)主视图　　(D)俯视图
88. 1 MPa=(　　)mH_2O。
(A)50　　(B) 100　　(C)70　　(D)80
89. 16.3 dm=(　　)mm。
(A)163　　(B)1.63　　(C)1 630　　(D)16 300
90. 1 L=(　　)mL。
(A)1 000　　(B)10　　(C)1　　(D)100
91. 公司使用的螺杆空压机60 m^3/min的电机功率是(　　)。
(A) 450 hP　　(B)60 hP　　(C)80 hP　　(D)90 hP
92. 公司使用的螺杆空压机80 m^3/min的电机功率是(　　)。
(A) 600 hP　　(B)60 hP　　(C)80 hP　　(D)90 hP
93. 螺杆空压机冷却方式有风冷和(　　)两种方式。
(A)水冷　　(B)油冷　　(C)水滤　　(D)油滤
94. 在螺杆空压机机组中,(　　)是最重要的部件。
(A)主机　　(B)转子　　(C)空滤　　(D)油冷

95. 空气滤清器的作用是滤掉空气中的(　　),保证清洁的空气进入压缩机。

(A)颗粒　(B)杂质　(C)水　(D)油

96. 螺杆压缩机停机后,操作人员应打开(　　),将积水放掉,以免疏水阀内部锈蚀。

(A)手动排水阀　(B)进气阀　(C)排气阀　(D)放空阀

97. 当水温在 27~29 ℃时,60 m^3/min 的螺杆空压机耗水量为(　　)。

(A)13 t/h　(B)20 t/h　(C)23 t/h　(D)4 t/h

98. 当水温在 27~29 ℃时,80 m^3/min 的螺杆空压机耗水量为(　　)。

(A)8 t/h　(B)16 t/h　(C)29 t/h　(D)4 t/h

99. 螺杆空压机机组长期不用,也应放掉(　　)中的积水。

(A)冷却塔　(B)空气过滤器　(C)冷却器　(D)油过滤器

100. 螺杆空压机水管路系统主要由(　　)、后冷却器和相应的管路组成。

(A)手动排水阀　(B)后冷却器　(C)油冷却器　(D)水管路

101. 新式(　　)空气压缩机将极大地提高可靠性,大大减少维护工作。

(A)混合　(B)传导　(C)喷油螺杆式　(D)辐射

102. 与其他规格(　　)相比,螺杆的独到之处在于它极高的机械可靠性。

(A)冷干机　(B)离心机　(C)压缩机　(D)干燥器

103. 螺杆压缩机其工作部件达到了“(　　)”与“免检”的工艺要求。

(A)耐磨损　(B)耐腐蚀　(C)无漏油　(D)无漏气

104. 做好压缩机(　　),可以保持压缩机高效运转。

(A)维护　(B)运行　(C)反转　(D)交接

105. 压缩机各部件及相关位置。机组由压缩机主机、(　　)、起动器、进气系统、排气系统、冷却润滑系统、气量调节系统、仪表板、冷却器、油气分离器和疏水阀组成。

(A)离心机　(B)电动机　(C)压缩机　(D)活塞机

106. 压缩机机组所有部件都(　　)在一个标准尺寸的底座之上。

(A)安装　(B)控制　(C)拆除　(D)分解

107. 空冷机组中,空气在(　　)的牵引下带走电机处产生的热量并通过后冷却器排到机壳外,同时冷却器带走压缩空气和冷却油本身的热量。

(A)转子　(B)风扇　(C)电机　(D)冷却水

108. 水冷机组中,(　　)水冷却器装在压缩机支架上,冷却水进入冷却器带走油液产生的热量,同时另一冷却器对压缩空气进行冷却。

(A)壳管式　(B)截止阀　(C)最小压力阀　(D)油路

109. 压缩机无论风冷机组或是水冷机组,其需维护的部件如油过滤器、(　　)、空气过滤器都是很容易进行的。

(A)增大　(B)减少　(C)控制阀　(D)油路

110. 空气压缩机组中一个重要部件是单轴(　　)油润滑螺杆压缩机。

(A)关闭　(B)半开　(C)容积式　(D)油路

111. 空气压缩机能提供(　　)无脉动的压缩空气。

(A)稳定　(B)半开　(C)全开　(D)油路

112. 在空气压缩机中,(　　)无需保养和内部检查。

(A)管路控制过滤器　(B)油过滤器
(C)主机　(D)油路

113. 压缩机使用的润滑油为专有,一般不用更换。万一需要更换,也只能使用(　)润滑油。

(A)24KT　(B)15KT　(C)25KT　(D)20KT

114. 在空气压缩机中,混入其他(　)将使相同规格空气压缩机的所有质量保证失效。

(A)密封　(B)油路　(C)润滑剂　(D)漏气

115. 在第一次更换油过滤器滤芯时,取出一些(　),送到生产厂家进行分析。厂家会提供容器以及取样说明。用户将会收到润滑油分析报告和公司的建议。

(A)35KT 润滑油　(B)24KT 润滑油　(C)55KT 润滑油　(D)普通润滑油

116. 在螺杆旋转(　)空气时,润滑油被喷入压缩机机体内,与空气直接混合。

(A)分离　(B)过滤　(C)吸入　(D)降低

117. 通过压缩机润滑油的(　)作用,可有效控制压缩放热引起的温升。

(A)压力　(B)额定　(C)冷却　(D)过滤

118. 通过压缩机润滑油的(　)作用,填补了螺杆与壳体及螺杆与螺杆之间的泄漏的间隙。

(A)止逆　(B)分离　(C)密封　(D)油路

119. 通过压缩机润滑油润滑作用,在转子间形成润滑(　),以使主动螺杆得以直接驱动从动螺杆。

(A)油膜　(B)过滤　(C)冷却　(D)油路

120. 油气混合物流经(　)后,油与空气分离,空气进入供气管路,油被冷却后再次喷入压缩机。

(A)密封器　(B)分离器　(C)冷却器　(D)过滤器

121. 冷却润滑系统(风冷机组)包括风扇、(　)、板翅式后冷却器、油冷却器、油过滤器、温控阀、内部连接金属管和软管。

(A)止逆阀　(B)蝶阀　(C)双轴驱动电机　(D)过滤器

122. 在水冷机组中,用壳管式(　)和水量调节阀取代风冷机组中的圆柱式冷却器。

(A)蝶阀　(B)止逆阀　(C)冷却器　(D)过滤器

123. 润滑油的(　)由系统中的压差推动,从油气分离罐流向主机的各工作点。

(A)流动　(B)排出　(C)消除　(D)减少

124. 压缩机工作中,当油温低于 170 ℉(　),温控阀全开,油不经冷却直接流过油过滤器,到各工作点。

(A)70 ℃　(B)77 ℃　(C)72 ℃　(D)75 ℃

125. 润滑油由于(　)压缩过程产生的热量,油温逐渐升高。

(A)风量　(B)效率　(C)吸收　(D)压缩

126. 压缩机工作中,当油温高于(　)(77 ℃),温控阀开始关闭。

(A)150 ℉　(B)160 ℉　(C)170 ℉　(D)180 ℉

127. 压缩机工作中,当油温(　)170 ℉(77 ℃),部分油流入冷却器。冷却后的油流入油过滤器,然后进入主机。

(A)略高于　(B)高于　(C)低于　(D)略低于

128. 在所有的机型中都有部分(　　)被送入支承转子的耐磨轴承。

(A)机油　(B)油脂　(C)润滑油　(D)润滑剂

129. 油液在进入压缩机之前,首先经过(　　),以确保流向轴承的油液的洁净。

(A)油过滤器　(B)主机　(C)油分离器　(D)压缩

130. 油过滤器总成由一个可更换滤芯和内部压力的(　　)组成,当仪表板上的压差表指针指向红色区域时,必须更换过滤器。

(A)旁通阀　(B)主机　(C)散热器　(D)压缩

131. 当压缩机在(　　)时,须定时检查压力表的读数。

(A)运行　(B)停机　(C)卸载　(D)加载

132. 压缩机水冷机组配有(　　)调节阀,它能根据机组不同载荷调节冷却水流量,停机时,阀自动关闭,起截止阀作用。

(A)水压　(B)水量　(C)电机　(D)冷却

133. 压缩机水冷机组还带有一个(　　)开关,确保压缩机在适当的水压下运行。

(A)运行　(B)卸载　(C)水压　(D)加载

134. 加压后的油气(　　)从压缩机出来,进入油气分离罐。

(A)排气　(B)空气　(C)混合物　(D)二氧化碳

135. 分离器有三个作用:作为初级分离器使用、作为压缩机(　　)使用、作为装有二级油分离器使用。

(A)冷却器　(B)过滤器　(C)储油罐　(D)空滤器

136. 油气混合物进入油气分离罐,撞击(　　)表面,流速大大降低,流向改变,形成大的油滴,由于它们较重,大部分落入罐体底部。

(A)电机　(B)弧形　(C)冷却器　(D)排气管

137. 油气混合物中少部分油在流经分离芯时会分离出来,沉积在分离芯底部。故需要在分离芯底部引出一根回油管,接回压缩机入口;回油管上有(　　),还有节流孔(前装过滤器)保证回油稳定。

(A)分离器　(B)视镜　(C)过滤器　(D)回油管

138. 经过过滤分离的压缩空气(　　)会低于1PPM。

(A)含杂质量　(B)含水量　(C)含油量　(D)含气量

139. 在仪表盘上装有(　　)和压差显示表,当指针指向红色区域时,必须更换油气分离器滤芯。

(A)油分离器　(B)油气分离器　(C)疏水器　(D)排气管

140. 当压缩机在(　　)下运行时,必须定时检查压差读数。

(A)人工手动调节　(B)满负载

(C)人工开停机调节　(D)空负载

141. 在油气分离器之后装有(　　),以保证油气分离罐压力在加载工况下不低于50 Psig(3.5 bar),该压力是保证油路正常地运行的最低压力。

(A)最小压力阀　(B)最小压力阀　(C)放空阀　(D)排气管

142. 最小压力阀内设有(　　),能防止停机及卸载时管线压缩空气的回流。

(A)排气阀　(B)放空阀　(C)止回阀　(D)蝶阀

143. 油气分离罐装有(　　),当油气分离罐压力超过罐压设定值时,安全阀自动打开。

(A)安全阀　(B)排气阀　(C)排污阀　(D)放空阀

144. 温度(　　)在排气温度高于 235 ℉(113 ℃)时停机。

(A)指针　(B)开关　(C)标志　(D)设置

145. 压缩机运转或带压状态下不能拆卸(　　),注油塞及其它零件。如需拆卸,必须停机并放掉全部内压。

(A)螺帽　(B)螺母　(C)螺钉　(D)螺栓

146. 为防止油加注(　　),注油口设在油气分离罐外部较低的位置上。

(A)过量　(B)微量　(C)少量　(D)等量

147. 通过(　　)可察看油气分离罐中的油量。

(A)油压表　(B)试油镜　(C)回油镜　(D)回油管

148. 控制系统能根据所需的压缩(　　)调节压缩机进气量。

(A)含水量　(B)空气量　(C)排气量　(D)含油量

149. 当管线压力大约超过加载压力 10 Psig(0.7 bar)左右时,在控制系统作用下,机组放空(　　),这能大大降低能耗。

(A)无负载　(B)加载　(C)卸载　(D)空载

150. 控制系统包括进气阀(位于压缩空气进口处)、(　　)、电磁阀、压力调节开关和压力调节器。

(A)排气阀　(B)放空阀　(C)蝶阀　(D)安全阀

151. 选用一台工作压力在 115～125 Psig(7.9～8.6 bar)之间的压缩机说明,除工作压力不同外,其原理适用于所有 SL10 系列的机组,其他压力范围的压缩机都有相同的(　　)。

(A)负压力　(B)正压力　(C)运行方式　(D)压力

152. 压缩机卸载状态是压力超过 125 Psig(8.6 bar)(　　)。

(A)线压　(B)等于　(C)小于　(D)等同

153. 如果客户不用气,管线压力将上升,超过压力调节开关设定值,压力调节开关跳开,(　　)掉电。

(A)温控阀　(B)电磁阀　(C)压力阀　(D)放空阀

154. 如果客户不用气,控制气直接进入进气阀,将气口关闭;同时,放空阀在控制气作用下打开,将(　　)内压缩空气放掉,使分筒内压力维持在 25～27 Psig(1.7～1.9 bar),供气管路上的最小压力阀防止管线气体回到油气分离罐中。

(A)油滤器　(B)放空阀　(C)储气罐　(D)分离罐

155. 当用气量增加时,管线压力下降,低于 115 Psig(7.9 bar)时,压力调节开关闭合,接通电磁阀电源,这时通往进气阀及(　　)的控制气都被切断。这样进气阀全部打开,放空阀关闭,机组全负荷运行。

(A)往复阀　(B)排污阀　(C)放空阀　(D)排气阀

156. 机组全负荷运行时,当压力升高以后,压力(　　)将重新发挥调节功能。

(A)调节器　(B)控制器　(C)空滤器　(D)分离器

157. 如果用户不是一直需要压缩空气,可选择双级控制的机器,将机组置于自动模式运行。在该模式下运行的机组能在不需要供气时(　　);而当用户需要压缩空气,机组又会自动起动并加载供气。

(A)进入卸载模式　(B)自动停机　(C)进入加载模式　(D)自动运行

158. 检修(　　)时必须停用水泵。

(A)空气　(B)冷却塔　(C)进气阀　(D)放空阀

159. 螺杆空压机运行过程中检查(　　)是否泄漏。

(A)单向阀　(B)机器　(C)管道　(D)储气罐

160. 螺杆空压机运行过程中查看运行温度。如果运行温度超过 205 ℉(96 ℃),应检查(　　)和环境状况。

(A)冷却系统　(B)运行温度　(C)检查管道　(D)运行过程

161. 螺杆空压机运行过程中通过(　　)视镜查看回油情况;检查是否有需维护的信号。

(A)回油管　(B)维护　(C)箭头　(D)监控

162. 螺杆空压机运行过程中监控器运行参数设置按(　　)箭头或标志键增大参数值。

(A)向下　(B)向上　(C)向左　(D)向右

163. 螺杆空压机按下 PRG 键后,(　　)进入编程模式。

(A)分离器　(B)控制器　(C)空滤器　(D)监控器

164. 螺杆空压机运行过程中监控器运行参数设置,按(　　)箭头减少参数值。

(A)向右　(B)向上　(C)向下　(D)向左

165. 螺杆空压机运行过程中监控器运行参数设置按(　　)键时,参数的增量是 10。

(A)调整　(B)手动　(C)自动　(D)标志

三、多项选择题

1. 铜制设备的常用焊接方法有(　　)。

(A)锡焊　(B)黄铜气焊　(C)银焊　(D)点焊

2. 金属材料的机械性能包括(　　)。

(A)韧性　(B)塑性　(C)强度　(D)承压

3. 压力容器材料的化学性能主要是指材料的(　　)。

(A)耐腐蚀性　(B)抗氧化性　(C)耐酸性　(D)耐碱性

4. 下列是压力容器组成元件的是(　　)。

(A)筒体　(B)封头　(C)法兰　(D)接管

5. 下列是压力容器组成元件的是(　　)。

(A)人(手)孔盖　(B)封头　(C)支座　(D)接管

6. 液位计有(　　)情况之一时,应停止使用。

(A)阀件固死　(B)防泄漏装置损坏

(C)玻璃板有裂纹或损坏　(D)液位计指示模糊不清

7. 线路的电阻取决于导线的(　　)。

(A)长度　(B)截面积　(C)材料　(D)宽度

8. 空气压缩机按工作原理分为(　　)两大类。

(A)速度式压缩机　(B)容积式压缩机

(C)螺杆式压缩机 (D)活塞式压缩机

9. 螺杆空压机的吸气系统主要由(　　)和组成。

(A)空气滤清器 (B)进气控制阀 (C)最小压力阀 (D)吸风口

10. 下列不是压缩空气管道颜色的有(　　)。

(A)黑色 (B)蓝色 (C)灰色 (D)深蓝色

11. 额定排气压力在0.8 MPa的压缩机不属于(　　)。

(A)低压 (B)中压 (C)高压 (D)余压

12. 螺杆空压机的润滑油起(　　)作用。

(A)冷却 (B)润滑 (C)密封 (D)增压

13. 在空压机配电柜中,起不到失压保护作用的是(　　)。

(A)熔断器 (B)热熔断器 (C)交流接触器 (D)失压保护器

14. 不是水冷式螺杆压缩机冷却介质的是(　　)。

(A)循环水 (B)自来水 (C)中水 (D)氧化水

15. 以下不是压缩风的介质的是(　　)。

(A)空气 (B)氮气 (C)氧气 (D)二氧化碳

16. (　　)是压力容器内介质危险性的主要表现。

(A)燃烧性 (B)爆炸性 (C)毒性 (D)腐蚀性

17. 下列不是600 hp螺杆空压机一般的耗水量的是(　　)。

(A)19 t/h (B)29 t/h (C)39 t/h (D)40 t/h

18. (　　)会导致排气量降低。

(A)滤尘器中的滤芯损坏 (B)滤清器太脏发生堵塞

(C)冷却水进水温度过低 (D)冷却水进水温度过高

19. 下列部件属于排气系统中的是(　　)。

(A)油气分离器 (B)止逆阀 (C)空气滤清器 (D)最小压力阀

20. 下列不是疏水阀作用的是(　　)。

(A)控制冷却水进水量 (B)控制冷却水出水量

(C)分离压缩空气中冷凝水 (D)控制冷却器油进出量

21. 下列属于储气罐应装设的是(　　)。

(A)安全阀 (B)排水阀 (C)人孔 (D)压力表

22. 下列阀中不起到保护作用的包括(　　)。

(A)止逆阀 (B)蝶阀 (C)压力阀 (D)安全阀

23. 按电流的特征,可分为(　　)。

(A)直流电 (B)交流电 (C)电压表 (D)电阻率

24. 螺杆空压机的分类按(　　),分为三种。

(A)被压缩气体种类 (B)用途的不同

(C)工艺 (D)喷油方式

25. 按结构形式的不同,螺杆空压机的分类包括(　　)。

(A)移动式空压机 (B)固定式空压机

(C)开启式空压机 (D)螺杆式空压机

26. 螺杆空压机正常运行时,技术参数 T_1 的正常范围在(　　)之间。

(A)95 ℃　(B)103 ℃　(C)90 ℃　(D)113 ℃

27. 下面不会导致压缩机功率消耗过高的有(　　)。

(A)气阀阻力过大　(B)排气管道和冷却器阻力过大

(C)气阀阻力过小　(D)排气管道和冷却器阻力过小

28. 下列是空压机的主要附属设备的有(　　)。

(A)空气滤清器　(B)冷却器　(C)循环水　(D)最小压力阀

29. (　　)系列螺杆空压机不是容积式压缩机。

(A)TS　(B)LS　(C)轴流式　(D)封闭式

30. 下列不是按照工作原理分类的空气压缩机的是(　　)。

(A)速度型　(B)容积型　(C)活塞式　(D)螺杆式

31. 空压机中起(　　)作用的是润滑油。

(A)冷却　(B)润滑　(C)密封　(D)止逆

32. 空压机不是由(　　)组成的进气控制器。

(A)蝶阀　(B)进气控制阀　(C)气缸调节机构　(D)止逆阀

33. 下列不是油气分离器的组成部分的有(　　)。

(A)滤芯　(B)罐体　(C)安全阀　(D)罐顶

34. 空压机所用轴承没有(　　)。

(A)滚动轴承　(B)滑动轴承　(C)传动轴承　(D)双轴承

35. 空压机各轴承温度不应(　　)。

(A)低于 55 ℃　(B)低于 56 ℃　(C)高于 75 ℃　(D)低于 79 ℃

36. 空压站的循环水泵在冬季为防冻坏管道而影响生产,需每天连续运转,下列说法不正确的是(　　)。

(A)需要连续运转 8 h　(B)需要连续运转 16 h

(C)需要连续运转 24 h　(D)需要连续运转 12 h

37. (　　)有空气不是水泵不上水的原因。

(A)进水管道　(B)出水管道　(C)空压机冷却器中　(D)冷却器

38. (　　)是螺杆空压机吸气系统的主要组成部分。

(A)空气滤清器　(B)进气控制阀　(C)蝶阀　(D)截止阀

39. 下列不是螺杆空压机进气控制阀的组成部分的有(　　)。

(A)蝶阀　(B)截止阀　(C)最小压力阀　(D)气缸调节机构

40. 下列不是蝶阀的作用的有(　　)。

(A)增大进气量　(B)减少进气量

(C)随意控制进气量　(D)随意调节进气量

41. 螺杆空压机排气系统主要由(　　)、后冷却器、疏水阀和连接管路组成。

(A)主机　(B)油过滤器　(C)油气分离器　(D)蝶阀

42. 螺杆空压机油管路系统主要由主机、油气分离器、(　　)、油冷却器及连接管路组成。

(A)止逆阀　(B)蝶阀　(C)热力阀　(D)油过滤器

43. 螺杆空压机润滑油的作用是(　　)。

(A)冷却 (B)润滑 (C)密封 (D)过滤

44. 螺杆空压机排气系统主要由(　　)、疏水阀和连接管路组成。

(A)主机 (B)后冷却器 (C)油分离器 (D)最小压力阀

45. 螺杆空压机水管路系统主要由(　　)和相应的管路组成。

(A)主机 (B)油分离器 (C)油冷却器 (D)后冷却器

46. 螺杆空压机气量调节系统主要由(　　)、调节机构和部分管路组成。

(A)最小压力阀 (B)螺旋阀 (C)放空阀 (D)蝶阀

47. 摩擦现象按种类分有(　　)。

(A)外摩擦 (B)内摩擦 (C)滑动摩擦 (D)滚动摩擦

48. 压力容器内介质危险特性主要表现在介质的(　　)。

(A)燃烧性 (B)爆炸性 (C)毒性 (D)腐蚀性

49. 摩擦带来的表观现象有(　　)。

(A)高温 (B)高压 (C)噪音 (D)磨损

50. 用气量(　　)螺杆空压机组的额定排气量时,机组将在满负荷状态下运行。此时,控制进气量的蝶阀保持最大开度,螺旋阀的指针将指向最大位置。

(A)等于 (B)大于 (C)小于 (D)无关

51. 为了方便检修空压机,螺杆空压机排出管路上必须安装的是(　　)。

(A)止逆阀 (B)截止阀 (C)安全阀 (D)放空阀

52. 螺杆空压机空气滤清器滤芯除尘的方法不正确的是:用压缩空气(　　)吹,吹口离滤芯表面 10 mm 左右,(　　)沿圆周进行。

(A)自内向外 (B)从外向内 (C)从下往上 (D)从上往下

53. 螺杆空压机电机反转,从(　　)不会喷出润滑油。

(A)油分离器 (B)进气口 (C)油过滤器 (D)排气口

54. 用气量小于螺杆空压机组的额定排气量时,气量调节系统自动控制蝶阀的开度,当停止用气时,蝶阀将自动关闭,此时,机组将处于空载状态,关于螺旋阀的指针将不会指向(　　)。

(A)最小位置 (B)中间位置 (C)最大位置 (D)任意位置

55. 为保证螺杆空压机正常工作,关于压缩机离墙最短距离不应是(　　)m。

(A)1 (B)1.2 (C)1.5 (D)2

56. 螺杆空压机螺旋阀的调节气量范围是(　　)之间。

(A)30% (B)50% (C)100% (D)90%

57. 螺杆空压机机组长期不用时,除了(　　)其他零件中的积水必须放掉。

(A)油分离器 (B)冷却器 (C)疏水器 (D)油过滤器

58. 下列是压力容器的事故原因的有(　　)。

(A)直接原因 (B)间接原因 (C)主要原因 (D)次要原因

59. 压力容器的压力源于外部时,这类容器内可达到的压力一般包括(　　)。

(A)压力源出口压力 (B)减压后压力

(C)用气量 (D)管径

60. (　　)容器内的气体压力源于容器外部。

(A)液化气体泵 (B)各类气体压缩机
(C)各类锅炉 (D)管道

61. 压力容器使用中,生产性毒物存在形式是( )。
(A)气体 (B)粉尘 (C)烟雾 (D)蒸汽

62. 节能对( )促进我国经济全面、协调、可持续发展具有十分重要的意义。
(A)提高能源利用率 (B)保护和改善环境
(C)提高企业效率 (D)降低企业成本

63. ( )是压力容器事故调查的原则。
(A)实事求是 (B)客观公正 (C)尊重科学 (D)尽快解决

64. ( )是对压力容器事故责任者的处罚。
(A)行政处分 (B)行政处罚 (C)刑事责任 (D)劝告

65. 压力容器介质中的( )杂质会对容器金属产生腐蚀。
(A)水分 (B)氯离子 (C)氢离子 (D)硫化氢

66. 压力容器运行中,操作人员应检查( )等是否有效。
(A)安全附件 (B)减压装置 (C)连锁装置 (D)阀门

67. 水压试验、( )试验属于耐压试验。
(A)汽压试验 (B)气压试验 (C)耐腐蚀试验 (D)阀门灵敏度

68. ( )属于压力容器泄露试验。
(A)气密性试验 (B)氨检漏试验 (C)卤素检漏试验 (D)氦检漏试验

69. 分析运行中的压力容器是否发生故障可采用( )等方法。
(A)闻味 (B)听声音
(C)测量温度 (D)看安全附件、仪表、容器本体

70. 压力容器的泄漏事故造成的危害程度可以根据( )来定性。
(A)容器内介质特性 (B)泄漏数量
(C)环境条件 (D)人为因素

71. 一般来说,( )表示压力容器发生泄漏造成的危害越大。
(A)介质危害程度越大 (B)泄漏数量越多
(C)介质扩散越广 (D)受影响人数越多

72. 压力容器停止运行不包括( )。
(A)正常停止运行 (B)紧急停止运行
(C)自动停止运行 (D)手动停止运行

73. ( )时,压力容器需正常停止运行。
(A)定期检验、维修 (B)原料供应不及时
(C)内部物料需定期处理更新 (D)定期改造

74. 压力容器正常停运需要( )。
(A)停止向容器内输入气体或其他物料 (B)安全泄放容器内气体或其他物料
(C)将容器内压力排至大气压力 (D)更新物料

75. ( )压力容器应需要进行耐压试验。
(A)换衬里的 (B)停用两年后需复用的

(C)移装的 (D)破裂的

76. (　　)不是压力容器主要的控制参数。

(A)压力 (B)温度 (C)高度 (D)厚度

77. (　　)是压力容器在使用过程中常产生的主要缺陷。

(A)裂纹 (B)鼓包 (C)腐蚀 (D)材料劣化

78. 金属材料产生裂纹的过程包括(　　)。

(A)原材料产生 (B)使用中产生 (C)制造中产生 (D)使用中扩展

79. (　　)位置最容易产生裂纹。

(A)焊缝 (B)焊缝热影响区

(C)局部应力过高处 (D)罐体

80. (　　)不是压力容器事故。

(A)火灾引发的压力容器爆炸、泄漏事故

(B)非压力容器因使用参数达到《条例》规定范围而引发的事故

(C)罐体出现裂纹

(D)罐体鼓包

81. 压力容器在进行气压试验中,合格产品不会出现(　　)情况。

(A)有异常响声 (B)用皂液检查有漏气

(C)罐体出现裂纹 (D)罐体鼓包

82. (　　)可以做为压力容器气压试验的介质。

(A)空气 (B)氮气 (C)二氧化碳 (D)其他惰性气体

83. 发生事故的单位应做到(　　)不放过。

(A)事故原因分析不清 (B)责任人未收到处理

(C)责任人和群众为收到教育 (D)无防范意识

84. (　　)是压力容器日常维护保养的内容。

(A)保持完好的防腐层 (B)防止跑、冒、滴、漏

(C)消除产生腐蚀的因素 (D)做好停运设备保养

85. 压力容器投料可以控制的有(　　)。

(A)投料量 (B)物料配比 (C)投料顺序 (D) 投料速度

86. 压力容器投入运行前,应检查(　　)。

(A)容器本体 (B)附属设备设施 (C)安全装置 (D)水、电、气

87. 下列不是压力容器韧性破坏的主要原因的有(　　)。

(A)超压 (B)过量充装 (C)人为 (D)气候

88. (　　)是压力容器韧性破坏的几个阶段。

(A)弹性变形 (B)弹塑性变形 (C)断裂 (D)气候

89. (　　)是压力容器发生爆炸时带来的危害。

(A)冲击波 (B)碎片 (C)介质毒性 (D)二次爆炸

90. (　　)影响压力容器的腐蚀速度。

(A)腐蚀介质 (B)压力 (C)温度 (D)投料

91. (　　)属于压力容器的疲劳断裂阶段。

(A)疲劳裂纹　(B)裂纹扩展　(C)停止断裂　(D)裂纹停止断裂

92.(　　)属于压力容器压力试验。

(A)气压试验　(B)液压试验　(C)管道压力试验　(D)耐腐蚀性试验

93.(　　)的压力容器应办理变更手续。

(A)无维修价值　(B)长期停用　(C)移装过户　(D)超过检验期

94. 压力容器(　　)时应办理判废手续。

(A)存在严重事故隐患　(B)无改造价值

(C)移装过户　(D)办理变更手续

95.(　　)是压力容器操作人员在操作压力容器时必须做到的。

(A)平稳操作　(B)严禁超压　(C)严禁超温　(D)严禁过量充装

96.(　　)会导致压力容器的疲劳破坏。

(A)压力容器频繁的振动　(B)压力频繁的波动和频繁升降

(C)开车速度过快　(D)停车速度过快

97. 压力容器(　　)可能是由腐蚀引起的。

(A)器壁减薄　(B)机械性能下降　(C)承受能力降低　(D)容器变软

98. 按金属腐蚀反应机理,金属腐蚀可分为几种,其中不包括(　　)。

(A)化学腐蚀　(B)电化学腐蚀　(C)超温腐蚀　(D)高压腐蚀

99.《固定容规》规定,快开门式压力容器应当具有满足一些安全联锁功能,下列说法不正确的是(　　)。

(A)当快开门达到规定关闭部位,方能升压运行

(B)当压力容器的内部压力完全释放,方能打开快开门

(C)其具有电工防护功能

(D)其具有隔音功能

100. 能否解决(　　)事故,是压力容器的事故能否得到有效控制的重要因素。

(A)爆炸　(B)易燃介质泄漏　(C)有毒介质泄漏　(D)操作不当

四、判 断 题

1. 金属的机械性能由硬度、强度、塑性、韧性几个性能指标构成。(　　)

2. 根据等温、绝热、多变三种压缩过程分析,等温压缩过程最省力,实际的压缩过程即多变压缩过程,冷却效果越好,多变压缩过程越接近于等温压缩过程,而等温压缩过程是理想的压缩过程,因此说冷却效果越好空压机的功率消耗就越低。(　　)

3. 油水分离器的工作原理,是利用油与水的比重不同,采用离心,分离,过滤的方法进行分离。(　　)

4. 如果空压机起动时不打开卸荷阀和放空阀,空压机起动时驱动电机则处于带负荷起动的状态,起动电流会超过允许值而烧毁电机直至造成电网事故。因此,空压机起动前要打开卸荷阀和放空阀,使空压机无负荷起动。(　　)

5. 异步电动机由定子和转子两个基本部分组成。而定子又由机座、定子铁芯和定子绕组组成;转子则由转子铁芯和转子绕组及转轴组成。(　　)

6. 储气罐应装置的附件有:安全阀、检查孔、压力表、排污阀。(　　)

7. 压力表的量程应是无规定。(　　)

8. 金属材料抵抗塑性变形或断裂的能力叫韧性。(　　)

9. 螺纹基本要素有:牙型、外径,螺距(导程)、头数、精度和旋转方向。(　　)

10. 空压机运行的噪声源是大气噪声。(　　)

11. 常用管道实验方法有:水压试验、气密性试验、真空实验、渗透实验。(　　)

12. 只有操作者正确使用设备,才能保持设备良好的工作性能,并充分发挥设备的效能,延长设备的使用寿命。(　　)

13. 实践证明设备的寿命在很大程度上决定于运行条件的好坏。(　　)

14. 电路是由电源、负载、联结导线和控制设备组成。(　　)

15. 电源的作用是提供电能。(　　)

16. 负载的作用是提供用电设备。(　　)

17. 联结导线的作用是传送电能。(　　)

18. 控制设备的作用是接通和断开电路。在电流和电压异常时不能保护用电设备。(　　)

19. 冷却水出口温度的降低时排气量不变。(　　)

20. 冷却水出口温度的升高时排气量不变。(　　)

21. 压力继电器又称压力开关,作用是压力高于或低于某一整定值时能切断或接通电源并进行报警。(　　)

22. 凝结水使管道和附件不易冻结。(　　)

23. 空气温度对空压机生产能力具有影响,空气的温度增高密度减少,按重量计算生产能力下降。(　　)

24. 空压机不使用电工仪表。(　　)

25. 电工仪表使用时应准确读数不作记录。(　　)

26. 空压机常用的电工仪表有电流表、电压表、功率因数表。(　　)

27. 从能量守恒定律中,我们知道,功与热是互相转换的,在压缩机内,各部位温度的增高是由于机械摩擦力产生功以热的形式耗散。所以根据压缩机各部位温度高低可判断工作的好坏。(　　)

28. 空压机使用的冷却水,必须使用清洁无杂质的水,凡脏、污或带酸性的水,不能作为空压机冷却水用,因为脏、污的水易沉淀,使气缸和管壁的传热性减弱,从而恶化了空气的冷却,酸性水对冷却器管子有腐蚀作用。(　　)

29. 能够压缩空气,提高空气压力或输送空气的机器叫空压机。(　　)

30. 排气量随进气压力降低而降低。(　　)

31. 空压机正常运转时,产生的作用力主要有以下三种:惯性力、气体作用力、摩擦力。(　　)

32. 压缩机按工作原理分为容积型和速度型两大类。(　　)

33. 离心水泵的基本参数有:流量、扬程、转数、功率、效率。(　　)

34. 若冷却水温低于最小允许温升,说明用水量过大或冷却系统结垢,传热效率很差;若高于正常温升值,说明用水量过小或管束已被阻塞,应排除故障。(　　)

35. 玻璃钢冷却塔每4个月维护保养一次。(　　)

36. 玻璃钢冷却塔对损坏的阀门、密封件等不需要进行更换。(　)

37. 玻璃钢冷却塔布水管断裂、风机电机烧坏等故障不需要修理和更换。(　)

38. 玻璃钢冷却塔工作中对塔内耐腐填料,根据老化损坏程度和冷却效果,3～5 年更换一次。(　)

39. 气体压缩的基本目的是以高于原来压力的压力传送气体。(　)

40. 压缩气体的办法是动能膨胀。(　)

41. 每运行 1 000 h 或空气滤清器指示灯(INLET FILTER)灯光闪烁,需拆下滤芯,进行除尘或更换。(　)

42. 紧急停机按钮位于监控器附近,按下此按钮切断监控器的所有交流输出,并断开起动器电源。在拉出按钮并按下 O 键前,监控器将显示故障信息(E-STOP)。(　)

43. 排气温度传感器的作用是:当排气温度超过 235 ℉(113 ℃)使压缩机停机,同时监测主机排出的油、气混合物的温度。(　)

44. P_1 为排气压力,当排气压力超过 P_1 最大值时,使压缩机停机,同时监测罐压,通过罐压显示确定电机转向是否正确。(　)

45. P_2 为管线压力,当线压达到设定值时,电脑板控制电磁阀使机器工作。(　)

46. P_3 为注入机内油的压力,当压力过低时,使压缩机停机。(　)

47. 油过滤器压差开关监测油过滤器压差,若需更换自动报警。(　)

48. 进气滤芯维修指示器监测进气空气过滤器,若需更换自动报警。(　)

49. 油位视镜指示罐内油位,正常油位停机时应于视镜可见油位,不要多加机油。(　)

50. 手动/自动按钮,选择手动或自动运行模式,当该钮置于"手动"位置,压缩机可以在连续卸载运行 15～30 min 之间自动停机,当线压(P_2)下降至低于设定值时,压缩机可自动开启。(　)

51. 计时器显示压缩机的累计运行时间,维护时可参考该参数。(　)

52. 管线压力表探头位于排气止回阀之后,不反映供气压力。(　)

53. 油气分离罐压力表,反映各种工况下油气分离罐的压差。(　)

54. 监控主机排出口气/油混合物的温度,经过风冷和水冷后的压缩空气,正常温度范围大约在 180～205 ℉(82～96 ℃)。(　)

55. 空滤器维修指示器跳出红色指示时表明空气过滤器流阻太大,不需要更换滤芯。(　)

56. 油过滤器压差表指针指向红色区域表明油过滤器流阻太大,需要更换滤芯。(　)

57. 分离器压差表指针指向红色区域表明分离器流阻太大,不需要更换滤芯。(　)

58. 电源灯(红色)亮起则机组停机。(　)

59. 运行灯(绿色)亮起则压缩机处于停机状态。(　)

60. 运行灯(琥珀色)亮起则表示处于自动模式。(　)

61. 视油镜用于查看油位,停机后油面于视镜中必须可见,加油不要过量。(　)

62. 回油管视镜用于查看回油情况。满载时应有较大流量;卸载时流量很小甚至没有;如果在满载时流动迟缓,需清洁回油管过滤器。(　)

63. 温控阀调节流经冷却器的油量,当油温低于 170 ℉(77 ℃)时阀门关闭,油路旁通,油不流经冷却器。可在启动时快速升高油温。(　)

64. 最小压力阀保持油气分离罐中的压力为 50 Psig(3.5 bar)。压力低于 50 Psig(3.5 bar)时,压力阀关闭,并断开分离罐和供气管,防止卸载或停机期间压缩空气的回流。( )

65. 高温保护开关在排气温度超过 235 ℉(113 ℃)时停机。( )

66. 安全开关(仅水冷机组)水压不够,压缩机不会启动。( )

67. 水压阀当罐压过高时,该阀动作,罐与大气接通,此阀动作表明高压开关失调或损坏。( )

68. 进气阀根据用气量调节进入主机的空气量。停机时关闭(起止回阀的作用)。( )

69. 压力调节器传递压力信号到进气阀,根据用气需要控制进气量。( )

70. 所有阀门当机组达到最高设定压力时,使压力调节器旁通关闭进气阀。也可使放空阀动作。( )

71. 螺杆空压机运行 50 h 之后,需要清洁回油管过滤器。( )

72. 螺杆空压机运行 50 h 之后,需要清洁回油管节流孔。( )

73. 螺杆空压机运行 50 h 之后,需要更换油过滤器滤芯。( )

74. 螺杆空压机运行 50 h 之后,需要清洁控制管路上的过滤器。( )

75. 等温压缩是一种在压缩过程中气体保持温度不变的膨胀过程。( )

76. 油气分离器中的润滑油经热力阀进入油冷却器,冷却后的润滑油经油过滤器进入主机工作腔,与吸入的空气一起被压缩,然后排出机体,进入油气分离器,完成一个循环。( )

77. 使用 SULLUBE 32 号润滑油,每运行 8 000 h 以后,需要更换。

78. 使用 SULLUBE 32 号润滑油,每一年,需要更换。( )

79. 使用 SULLUBE 32 号润滑油,润滑油被污染时,需要更换。( )

80. 排气温度过高,可能的原因是油气分离器内油位过低。( )

81. 排气压力过高,可能的原因是温控阀失灵。( )

82. 排气压力过高,可能的原因是油过滤器堵塞,旁通阀失灵。( )

83. 排气温度过高,可能的原因是环境温度太高。( )

84. 排气温度过高,可能的原因是用户外接通风管道阻力太大。( )

85. 排气温度过高,可能的原因是冷却水流量不足。( )

86. 排气温度过高,可能的原因是冷却水温度过高。( )

87. 排气温度过高,可能的原因是冷却器堵塞。( )

88. 排气温度过高,可能的原因是热电阻温度传感器 RTD 失效。( )

89. 排气压力(罐压)过高,可能的原因是卸载零件(例:放空阀、进气阀,任选的螺旋阀)失效。( )

90. 排气压力(罐压)过高,可能的原因是压力调节器失效。( )

91. 排气压力(罐压)过高,可能的原因是电磁阀失效。( )

92. 排气压力(罐压)过高,可能的原因是控制器泄漏。( )

93. 排气压力(罐压)过高,可能的原因是控制器管路过滤器堵塞。( )

94. 排气压力(罐压)过高,可能的原因是油气分离器滤芯堵塞。( )

95. 排气压力(罐压)过高,可能的原因是最小压力阀—蝶阀失效。( )

96. 供气压力低于额定排气压力,可能的原因是耗气量等于供气量。( )

97. 供气压力低于额定排气压力,可能的原因是空气滤清器阻塞。( )

98. 供气压力低于额定排气压力,可能的原因是进气阀不能完全打开。(   )

99. 供气压力低于额定排气压力,可能的原因是压力传感器接头不松动。(   )

100. 供气压力低于额定排气压力,可能的原因是最小压力阀一蝶阀失效。(   )

101. 供气压力低于额定排气压力,可能的原因是任选的螺旋阀关闭。(   )

102. 供气压力低于额定排气压力,可能的原因是油气分离器滤芯堵塞。(   )

103. 管线压力高于卸载压力的设定值,可能的原因是温度传感器故障。(   )

104. 管线压力等于卸载压力的设定值,可能的原因是卸载零件(例:放空阀、进气阀,任选的螺旋阀)失效。(   )

105. 管线压力高于卸载压力的设定值,可能的原因是电磁阀失效。(   )

106. 管线压力等于卸载压力的设定值,可能的原因是控制器管道泄漏。(   )

107. 管线压力等于卸载压力的设定值,可能的原因是控制器管路过滤器堵塞。(   )

108. 油耗过小,可能的原因是回油管过滤器或节流孔堵塞。(   )

109. 油耗过量,可能的原因是油气分离器滤芯或垫圈损坏。(   )

110. 油耗不变,可能的原因是润滑油系统泄漏。(   )

111. 油耗过量,可能的原因是油位太高。(   )

112. 油耗过量,可能的原因是泡沫过多。(   )

113. 螺杆空压机不正常运行时,90 ℃$<T_1<$113 ℃。(   )

114. 螺杆空压机正常运行时,$\Delta P_1<$0.07 MPa。(   )

115. 螺杆空压机非正常运行时,$P_{排}<$0.8 MPa。(   )

116. 螺杆空压机每运行 8 000 h 后,清洁回油管过滤器。(   )

117. 螺杆空压机每运行 1 000 h 后,更换油过滤器滤芯。(   )

118. 螺杆空压机每运行 1 000 h 后,更换空气过滤器滤芯。(   )

119. 当监控器发出过滤器的维护信号时(面板上△T_1 灯光闪烁),应对油过滤器进行维护,及时更换滤芯。(   )

120. 螺杆空压机的进气过程:当转子经过入口时,空气从轴向吸入主机。(   )

121. 螺杆空压机的封闭过程:转子经过入口后,一定体积的空气被密封在两个转子形成的压缩腔内。(   )

122. 螺杆空压机的压缩及输送:随着转子的转动,压缩腔的体积逐渐增大,空气压力升高。(   )

123. 螺杆空压机的排气过程:空气到达另一端的出口,压缩完成。(   )

124. 螺杆空压机机组起动之前,不需要检查油位,如果油位太低,则不需加注润滑油。(   )

125. 螺杆空压机起动后,不需要检查各显示值是否正常。(   )

126. 螺杆空压机机组升温后,检查各系统的工作情况,有无泄漏现象,有无异常声音。(   )

127. 螺杆空压机排气控制阀由蝶阀和气缸调节机构组成。(   )

128. 螺杆空压机机组满负荷运行时,蝶阀处于全闭状态。(   )

129. 螺杆空压机当用户所需用气量减小时,由气缸调节机构推动蝶阀,使蝶阀开度减小,从而减少压缩机的进气量。(   )

130. 螺杆空压机当用户开始用气时,蝶阀关闭,停止进气,压缩机进入空载运行状态。( )

131. 螺杆空压机当用户恢复用气时,调节机构又会使蝶阀重新打开。( )

132. 螺杆压缩机有自动操作方式,在该方式下,只要温度和压力处在正常范围内,电机不过载停机或紧急停机触点没有跳开,压缩机将不会停机。( )

133. 螺杆压缩机按Ⅰ键停机,并置非手动方式。( )

134. 如果压缩机已经运行且处于自动模式,按Ⅰ键使操作方式换到手动。( )

135. 若压缩机已按非手动方式运行,按Ⅰ键会使监控器关闭普通故障继电器(如果连接着的话),并熄灭显示报警信号的指示灯。( )

136. 若要开机,按O键。( )

137. 如果按O键时已经停机,将断开普通故障继电器(如果接通的话),并清除报警信号和熄灭维护信号的指示灯,无论压缩机在做什么,按O键都将使监控器处于手动停机状态。( )

138. 螺杆压缩机有自动运行方式,在该方式上,当管线温度小于"LOAD"设定值时,压缩机将启动。( )

139. 如果说压缩机在空载情况下运行了参数"UNID TIM"设定的时间,它将空载。( )

140. 玻璃钢冷却塔工作中循环水温度上升,冷却效果不好,充填填料堵塞,需清理或更换充填材料。( )

141. 玻璃钢冷却塔工作中循环水温度上升,冷却效果不好,风机故障,停转。需修理风机,恢复正常运转。( )

142. 玻璃钢冷却塔工作中循环水压力上升,冷却效果不好,布水器停转或布水管断裂,需修理布水器或更换布水管。( )

143. 玻璃钢冷却塔工作中风机异常噪声或震动大,风机支架松动,需紧固支架。( )

144. 玻璃钢冷却塔工作中风机异常噪声或震动大,风机轴承不良,需更换轴承。( )

145. 玻璃钢冷却塔工作中风机异常噪声或震动大,风机叶片与塔体接触。需除冰保证正常间隙。( )

146. 玻璃钢冷却塔的冷却能力:50~125 t/h 。( )

147. 玻璃钢冷却塔的进出水压力差:5~15 ℃。( )

148. 玻璃钢冷却塔的配套电机动能:15 t/h 的冷却塔配套的风机电机功率 1.5 kW。大于15 t/h的冷却塔配套的风机电机功率 3~4 kW。( )

149. 冷冻式干燥机操作面板维修内容:检查操作面板显示参数是否正常,冷冻式干燥机进气温度小于 40 ℃,环境温度 0~43.3 ℃,回气压力 0.37~0.41 MPa(绿区)。( )

150. 再生式干燥机操作面板巡检内容:再生式干燥机进气温度小于 65 ℃,加热温度 120~150 ℃,进气压力与空压机排气压力数值相同,有无故障报警显示。( )

151. 压力调节开关,当管线压力达到设定值后,控制电磁阀卸载。( )

152. 放空阀,卸载和停机时打开,使油气分离罐与大气相通。( )

153. 水量调节阀(仅水冷机组),调节冷却水流量,保证运行温度正常。( )

154. 螺杆空压机第一次起动以后各次起动,检查油位后,按起动按钮即可起动机组。运

行期间需查看各运行参数。(　　)

155. P_1 Max 是油气分离罐最大压力,如果油气分离罐压力超过该值,监控器将停机,同时显示警告信号。(　　)

156. 冷冻式干燥机启动前,检查各仪表是否在有效期内,检查回气压力表读数。如果为零,则冷冻剂已经泄漏,应立即报告。(　　)

157. 冷冻式干燥机启动前,闭合空气开关使冷干机通电 6～10 h,使机器进行充分预热。如果不预热直接启动则会烧坏干燥机主机。(　　)

158. 启动冷干机将开关打开至“开”的位置上,各指示灯亮。(　　)

159. 启动冷干机,回气压力表指针会下降至表上绿区。如果不在绿区则上报车间设备员,运行人员不得私自进行调整。(　　)

160. 启动冷干机,空载运行 10～15 min 后,缓慢打开进气阀,使冷干机通入压缩空气。(　　)

161. 冷干机,每天进行手动排水一次以防止自动阀堵塞。(　　)

162. 再生式干燥机停机,先查看两塔温度,两塔温度必须都在 60 ℃以下。(　　)

163. 再生式干燥机停机,在干燥机运转循环的升压阶段,两塔压力基本一致。(　　)

164. 开动干燥机前,必须要对干燥机前端的除油、除水过滤器进行手动排水,防止干燥塔被淹失效。(　　)

165. 一旦突然断电,为防止正在加热的干燥塔排出的高温气体损坏分离器芯,应立即关闭干燥塔与粉末过滤器之间的阀门。(　　)

五、简 答 题

1. 冷冻式干燥机的干燥原理是什么?
2. 什么是常态空气?
3. 螺杆空压机运转特点是什么?
4. 螺杆空压机满负荷状态是什么?
5. 润滑油在主机中起到什么作用?
6. 压力的单位是什么?
7. 螺杆空压机停车时应该打开哪一个阀门?
8. 压力表精度有哪些?
9. 简述列管式冷却器结构。
10. 滤清器过滤后空气含尘量应为多少?
11. 简述压缩风管道法兰连接工作要求。
12. 简述水泵启动前注意事项。
13. 简述螺杆空压机压缩空气的过程?
14. 简述螺杆空压机的压缩功定义?
15. 冷却器管子使用要求是什么?
16. TS、LS 系列螺杆空压机属于什么型式空压机?
17. 什么情况下空压机冬季运行会出现冰冻现象?
18. 简述螺杆空压机运行定期检查循环水池的频率。

19. 空压机巡回检查的要求是什么?
20. 空压机循环水池水位应保持在什么位置?
21. 简述循环水泵在冬季怎样运行。
22. 冷却塔的材质是什么?
23. 简述冷却塔的冷却能力。
24. 简述冷却塔冷却原理是什么。
25. 简述螺杆空压机的主机工作内容。
26. 简述空气滤清器的作用。
27. 什么是压缩机的空载状态?
28. 简述螺杆空压机排气系统组成。
29. 质量的标准单位是什么?
30. 最小压力阀的设定压力和目的是什么?
31. 螺杆空压机润滑油的计量单位是什么?
32. 止逆阀的作用是什么?
33. 简述油气分离器的工作原理。
34. 简述螺杆空压机油气分离器回油过程。
35. 简述油气分离器到主机中润滑油的油路循环过程。
36. 简述螺杆空压机润滑油的冷却作用。
37. 简述螺杆空压机润滑油的润滑作用。
38. 简述螺杆空压机润滑油的密封作用。
39. 螺杆空压机回油出现问题,应如何处理?
40. 简述空压机水管路系统组成。
41. 简述螺杆空压机进水管接通顺序。
42. 简述冷却器为了保持良好的换热效果,有哪些要求。
43. 450hp 螺杆空压机一般情况下耗水量是多少?
44. 螺杆空压机 60 m^3/min 的电机功率是多少?
45. 螺杆空压机 80 m^3/min 的电机功率是多少?
46. 简述螺杆压缩机停机后的操作注意事项。
47. 简述螺杆空压机机组长期不用的操作注意事项。
48. 螺杆空压机气量调节系统的功能是什么?
49. 简述螺杆空压机气量调节系统主要组成部分。
50. 螺旋阀的调节气量范围是什么?
51. 压缩机顶盖与天花板的距离要求是什么?
52. 简述螺杆空压机电机为什么不能反转。
53. 简述螺杆空压机两根回油管的位置。
54. 什么是高转速压缩机?
55. 压强单位公式是什么?
56. 在华氏温度计上水的冰点、沸点是什么?
57. 螺杆压缩机属于哪类压缩机?

58. 在打开滤油器盖子之前的注意事项是什么?
59. 机组内维修、清洁,必须注意的问题有什么?
60. 安全阀的设定压力要求是什么?
61. 螺杆空压机正常的回油状况是如何体现的?
62. 螺杆空压机冬季对冷却器的特殊要求是什么?
63. 压缩机停机后,操作人员应如何工作?
64. 压缩机的进气量的调节是如何实现的?
65. 油气分离器的作用是什么?
66. 油气分离器前后压差是什么?
67. 压缩机冷却水进水压力是多少?
68. 当压缩机卸载或停机时,机器放空阀状态是什么?
69. 螺杆空压机监控器上的 P_2 表示的是什么?
70. 螺杆空压机监控器上的 P_1 表示的是什么?

六、综 合 题

1. 螺杆空压机监控器上的 T_1 表示的是什么?
2. 螺杆空压机监控器上的 T_2 表示的是什么?
3. 如果监控器的"dp_1"闪烁,故障如何处理?
4. 如果监控器的"dp_2"闪烁,故障如何处理?
5. 如果监控器的"MOTOR"闪烁,故障如何处理?
6. 如果监控器的"INLET FILTER"闪烁,故障如何处理?
7. 简述温度传递的过程。
8. 简述螺杆空压机转子的特点。
9. 螺杆空压机起动按钮的作用是什么?
10. 螺杆空压机停止按钮的作用是什么?
11. 螺杆空压机最大环境温度?
12. 螺杆空压机冷却方式是什么?
13. 螺杆空压机润滑油是什么?
14. 螺杆空压机油气分离罐容量是多少?
15. 螺杆空压机控制方式是什么?
16. LS-10 系列压缩机在出厂前做了哪些工作?
17. 润滑油的润滑原理是什么?
18. 在轻载潮湿的场所,润滑油的更换间隔时间是多少?
19. 在轻载潮湿的场所,对油质的要求是什么?
20. 混用不清洁的矿物油,将导致设备出现哪些不良现象?
21. 如何检查电动机转向?
22. 电动机转向不对,应如何维修?
23. 如何通过电脑板上的 P_1 显示来判断检查电机是否正常?
24. 润滑油使用注意事项是什么?

25. 润滑油更换时间如何进行?
26. 压缩机组安装注意事项有什么?
27. 简述压缩机组安装要保证正常工作的注意事项。
28. 压缩机组安装管路载荷的注意事项是什么?
29. 压缩机组安装通风注意事项有哪些?
30. 压缩机组安装冷却注意事项有哪些?
31. 螺杆空压机监控仪表,该表盘包括哪些仪表?
32. 螺杆空压机油气分离罐压力表的作用是什么?
33. 螺杆空压机排气温度表的作用是什么?
34. 螺杆空压机分离器压力表的作用是什么?
35. 螺杆空压机油过滤器压差表的作用是什么?

压缩机工(初级工)答案

一、填 空 题

1. 容积式压缩机　2. 0.8　3. 游标卡尺　4. 交接双方人员
5. 水池　6. 浅蓝色　7. 低压　8. 0.66～0.7
9. 36　10. 交流接触器　11. 空气　12. 循环水
13. ≥　14. 整定压力　15. 回座压力　16. 排放压力
17. 额定排放压力　18. 一类　19. 29
20. 滤清器太脏发生堵塞　21. 1.5%　22. 空气滤清器
23. 放空阀　24. 安全阀　25. 32　26. 最小压力阀
27. 分离压缩空气中冷凝水　28. 主机工作腔　29. 停机
30. 待机　31. 起动　32. 卸载　33. 加载
34. 满载　35. 遥控停机　36. 机组停止运行　37. 累计运行时间
38. 累计加载时间　39. 分离器内的压力　40. 管线压力　41. 排气温度
42. 干侧排气温度　43. 分离器前后压差　44. 油过滤器前后压差　45. 电机过载灯
46. 电源指示灯　47. 运行指示灯　48. 空气滤清器指示灯　49. 油气分离器芯
50. 油过滤器芯　51. 焦耳　52. 压强　53. K
54. 安全阀,压力表,人孔,排水阀　55. 四个月　56. 绝对测量
57. 米　58. 5/8″　59. 位置　60. 10
61. 25.4　62. 1.5～3　63. 半年　64. 保护装置
65. 10°　66. 螺旋阀打开　67. 油气分离器滤芯堵塞
68. 运行　69. 气体种类和用途　70. 结构　71. 90 ℃ $< T_1 <$ 113 ℃
72. $\Delta P_1 < 0.07$ MPa　73. $P_{排} < 0.8$ MPa　74. 闪烁　75. 帕
76. 分子　77. ℃　78. 周期性　79. 撞击力
80. 吸附　81. 表面　82. 动力源　83. 作功和传热
84. LCD　85. 有油　86. 容积式　87. 少
88. 少　89. 少　90. 好　91. 低于
92. 较大　93. 较大　94. 冰冻　95. 2
96. 30　97. 1/2　98. 24　99. 玻璃钢
100. 120　101. 可靠性　102. 机械　103. 免检
104. 运转　105. 冷却器　106. 标准尺寸　107. 冷却油
108. 压缩空气　109. 空气过滤器　110. 油润滑　111. 无脉动
112. 内部　113. 噪声　114. 腐蚀　115. 冻裂
116. 混合　117. 放热　118. 泄漏　119. 驱动

120. 供气管路　121. 油过滤器　122. 水量　123. 流动
124. 全开　125. 升高　126. 关闭　127. 部分
128. 转子　129. 轴承　130. 压差表　131. 压力表
132. 载荷　133. 开关　134. 分离　135. 二级
136. 油滴　137. 节流孔　138. 1 ppm　139. 压差显示表
140. 读数　141. 加载工况　142. 回流　143. 设定值
144. 235 ℉　145. 注油塞　146. 注油口　147. 油量
148. 进气量　149. 能耗　150. 电磁阀　151. 功能
152. 0～3.5 bar　153. 关闭　154. 负荷　155. 供气管
156. 最小压力阀　157. 压力调节器　158. 减少　159. 供气量
160. 控制气　161. 电磁阀　162. 随时用气　163. 维修指示器
164. 红色指示　165. 止回阀

二、单项选择题

1. B　2. C　3. B　4. C　5. B　6. C　7. A　8. C　9. C
10. C　11. A　12. A　13. A　14. A　15. B　16. C　17. B　18. A
19. B　20. B　21. C　22. C　23. B　24. C　25. C　26. B　27. C
28. B　29. A　30. C　31. A　32. B　33. C　34. A　35. B　36. C
37. A　38. C　39. A　40. B　41. A　42. B　43. B　44. C　45. A
46. B　47. C　48. C　49. A　50. C　51. A　52. C　53. C　54. A
55. C　56. B　57. A　58. C　59. B　60. A　61. A　62. C　63. B
64. B　65. B　66. A　67. C　68. C　69. A　70. A　71. C　72. C
73. A　74. C　75. B　76. C　77. C　78. A　79. A　80. C　81. B
82. C　83. B　84. A　85. B　86. B　87. B　88. B　89. C　90. A
91. A　92. A　93. A　94. A　95. B　96. A　97. B　98. C　99. C
100. C　101. C　102. C　103. A　104. A　105. B　106. A　107. B　108. A
109. C　110. C　111. A　112. C　113. A　114. C　115. B　116. C　117. C
118. C　119. A　120. B　121. C　122. C　123. A　124. B　125. C　126. C
127. B　128. C　129. A　130. A　131. A　132. B　133. C　134. C　135. C
136. B　137. B　138. C　139. B　140. B　141. B　142. C　143. A　144. B
145. A　146. A　147. B　148. B　149. C　150. B　151. C　152. A　153. B
154. D　155. C　156. A　157. B　158. B　159. C　160. A　161. A　162. B
163. D　164. C　165. D

三、多项选择题

1. ABC　2. ABC　3. ABCD　4. ABCD　5. ABCD　6. ABCD　7. ABCD
8. AB　9. AB　10. ABD　11. ACD　12. ABC　13. ABD　14. BCD
15. BCD　16. ABCD　17. ACD　18. BD　19. ABCD　20. ABD　21. ABCD
22. ABC　23. AB　24. AB　25. ABC　26. CD　27. CD　28. ABD

29. CD	30. CD	31. ABC	32. BD	33. CD	34. CD	35. AC
36. ABD	37. BCD	38. AB	39. BC	40. BCD	41. ACD	42. CD
43. ABC	44. ABCD	45. CD	46. BD	47. ABCD	48. ABCD	49. ABCD
50. AB	51. BD	52. AD	53. ACD	54. BCD	55. BCD	56. BD
57. ACD	58. ABCD	59. AB	60. ABC	61. ABCD	62. ABCD	63. ABC
64. ABC	65. ABCD	66. ABC	67. BC	68. ABCD	69. ABCD	70. ABC
71. ABCD	72. CD	73. ABCD	74. ABC	75. ABC	76. CD	77. ABCD
78. ABCD	79. ABC	80. CD	81. ABCD	82. ABCD	83. ABCD	84. ABCD
85. ABCD	86. ABCD	87. CD	88. ABC	89. ABCD	90. ABC	91. AB
92. AB	93. BC	94. AB	95. ABCD	96. ABCD	97. ABC	98. CD
99. CD	100. ABC					

四、判 断 题

1. √	2. √	3. √	4. √	5. √	6. √	7. ×	8. ×	9. √
10. ×	11. √	12. √	13. ×	14. √	15. √	16. √	17. √	18. ×
19. ×	20. ×	21. √	22. ×	23. √	24. ×	25. ×	26. √	27. √
28. √	29. √	30. √	31. √	32. √	33. √	34. √	35. √	36. ×
37. ×	38. √	39. √	40. ×	41. √	42. √	43. √	44. √	45. ×
46. √	47. √	48. √	49. √	50. ×	51. √	52. ×	53. ×	54. √
55. ×	56. √	57. ×	58. ×	59. ×	60. √	61. √	62. √	63. √
64. √	65. √	66. ×	67. ×	68. √	69. √	70. ×	71. √	72. √
73. √	74. √	75. ×	76. √	77. √	78. √	79. √	80. √	81. ×
82. ×	83. √	84. √	85. ×	86. ×	87. √	88. √	89. √	90. √
91. ×	92. ×	93. √	94. ×	95. √	96. ×	97. √	98. √	99. √
100. √	101. ×	102. √	103. √	104. ×	105. √	106. ×	107. ×	108. ×
109. √	110. ×	111. √	112. √	113. ×	114. √	115. ×	116. ×	117. √
118. √	119. ×	120. √	121. √	122. ×	123. √	124. ×	125. ×	126. √
127. ×	128. ×	129. √	130. ×	131. √	132. ×	133. ×	134. √	135. ×
136. ×	137. √	138. ×	139. ×	140. √	141. √	142. ×	143. √	144. √
145. √	146. √	147. ×	148. ×	149. ×	150. √	151. √	152. √	153. √
154. √	155. √	156. √	157. √	158. √	159. √	160. √	161. √	162. √
163. √	164. √	165. √						

五、简 答 题

1. 答:冷冻式干燥机是通过降低压缩空气温度(2 分),析出水分(2 分),从而达到干燥的目的(1 分)。

2. 答:规定压力为 0.1 MPa(2 分)、温度为 20 ℃(2 分)、相对湿度为 36%状态下的空气为常态空气(1 分)。

3. 答:螺杆空压机没有不平衡惯性力(3 分),可实现无基础运转(2 分)。

4. 答:机组满负荷运行时(3分),蝶阀处于全开状态(2分)。

5. 答:润滑油在主机工作腔内(2分)还能起到密封作用(3分)。

6. 答:国际单位制中压力(2分)的单位是Pa(3分)。

7. 答:螺杆空压机停车时出气管(2分)上放空阀应打开(3分)。

8. 答:常见的压力表精度有0.5、1、1.5、2.5级表(5分)。

9. 答:列管式冷却器主要有筒体(1分)、封盖(2分)、芯子(2分)。

10. 答:滤清器过滤后空气(1分)其含尘量(2分)应小于1 mg/m(2分)。

11. 答:压缩风管道采用法兰连接时(2分),法兰应与管道中心线垂直(3分)。

12. 答:启动水泵前出口阀应严密关闭(1分),泵必须充满水(2分),排尽泵内空气(2分)。

13. 答:螺杆空压机压缩空气的过程包括吸入(2分)、压缩(1分)和压出三个过程(2分)。

14. 答:螺杆空压机所需要的压缩功(2分),决定于空气状态的改变过程(3分)。

15. 答:冷却器管子中有个别的破裂(2分),经处理后,可继续使用(3分)。

16. 答:TS、LS系列螺杆空压机是容积式(3分)压缩机(2分)。

17. 答:室外管路及附属阀门在冬季(2分)很容易发生冰冻现象(3分)。

18. 答:螺杆空压机运行值班人员每天检查循环水池(2分)最少2次(3分)。

19. 答:空压机要求每60 min(2分)巡回检查一次(3分)。

20. 答:空压机循环水池水位(2分)应保持在1/2以上(3分)。

21. 答:螺杆空压机的循环水泵在冬季必须每天24 h连续运转(2分),以防冻坏水管道影响压缩风生产(3分)。

22. 答:冷却塔的塔体材质(2分)是玻璃钢(3分)。

23. 答:冷却塔的冷却能力(2分)为120 t/h(3分)。

24. 答:玻璃钢冷却塔冷却原理是热水从上经过耐腐填料向下流(2分),冷却风从下往上抽(2分),将水中热量带走(1分)。

25. 答:主机中啮合的转子到与排气口相通时(2分),油气混合空气便从排气口排出(3分)。

26. 答:空气滤清器的作用是滤掉空气中的杂质(2分),保证洁净的空气进入压缩机(3分)。

27. 答:当用户停止用气时(1分),蝶阀关闭(1分),停止进气(1分),压缩机处于空载状态(2分)。

28. 答:螺杆空压机排气系统主要由主机(1分)、油过滤器(1分),最小压力阀(1分)、后冷却器(1分)、疏水阀和连接管路组成(1分)。

29. 答:质量的标准单位是千克(5分)。

30. 答:最小压力阀的设定压力是0.35 MPa(2分),目的是保证在刚启动时主机内部润滑系统的正常工作(3分)。

31. 答:螺杆空压机润滑油采用的计量单位是加仑(gal)(2分),1 gal=4.546 L(3分)。

32. 答:螺杆空压机排气系统中止逆阀的作用是当压缩机卸载或停机时(2分),阻止管网中的气体倒流(3分)。

33. 答:油气分离器的工作原理是由于离心力的作用(2分),一般情况下油气混合物经过初级滤芯和二级滤芯把压缩空气和油分离出来(2分),油积聚在油分离器滤芯的底部(1分)。

34. 答:螺杆空压机油气分离器底部的润滑油通过两根回油管(2分),回到主机进气口(2分),吸入工作腔(1分)。

35. 答:油气分离器中的润滑油经过热力阀进入油冷却器(2分),再经过油过滤器回到主机工作腔(3分)。

36. 答:螺杆空压机润滑油的作用之一是冷却(2分),喷入机体内的润滑油能吸收大量的空气在压缩过程中产生的热量(2分),从而起到冷却的作用(1分)。

37. 答:螺杆空压机润滑油的作用之二是润滑(2分),润滑油在两转子之间形成一层油膜,避免阴阳转子直接接触(2分),从而避免转子型面的磨损(1分)。

38. 答:螺杆空压机润滑油的作用之三是密封(2分),润滑油可以填补转子与转子之间,转子与机壳之间的间隙,(2分)减少机体内部的泄漏损失,提高压缩机容积率(1分)。

39. 答:螺杆空压机正常运行时(2分),出现回油管中回油量断流或流量很少的情况(2分),应停机卸压后清洗回油过滤器(1分)。

40. 答:空压机水管路系统主要由油冷却器(2分)、后冷却器(2分)和相应的管路组成(1分)。

41. 答:螺杆空压机进水管应先接通后冷却器(2分),即先冷却压缩风(2分),后冷却润滑油(1分)。

42. 答:为了使冷却器长期保持良好的换热效果(2分),延长设备使用寿命(2分),必须使用洁净的冷却水(1分)。

43. 答:450 hp螺杆空压机一般情况下耗水量为20 t/h(5分)。

44. 答:公司使用的螺杆空压机60 m^3/min的电机功率是450 hp(5分)。

45. 答:公司使用的螺杆空压机80 m^3/min的电机功率是600 hp(5分)。

46. 答:螺杆压缩机停机后,操作人员应打开手动排水阀(2分),将积水放掉(2分),以免疏水阀内部锈蚀(1分)。

47. 答:螺杆空压机机组长期不用时(2分),应放掉冷却器中的积水(3分)。

48. 答:螺杆空压机气量调节系统的功能是根据客户用气量的大小(1分),自动调节压缩机的进气量(2分),以便达到供需平衡,节省能源(2分)。

49. 答:螺杆空压机气量调节系统主要由蝶阀(1分)、螺旋阀(2分)、调节机构和部分管路组成(2分)。

50. 答:螺杆空压机螺旋阀的调节气量范围是从100%(2分)调节到50%(3分)。

51. 答:为保证螺杆空压机正常工作,压缩机顶盖与天花板的距离至少1.5 m(5分)。

52. 答:螺杆空压机电机坚决不能反转,否则,润滑油(2分)会从进气口喷出(3分)。

53. 答:螺杆空压机两根回油管必须插到油分离器滤芯的底部(2分),否则影响回油效果(3分)。

54. 答:转速在500转/分的压缩机是高转速(2分)压缩机(3分)。

55. 答:压强单位1 Pa=1 N/m^2(5分)。

56. 答:在华氏温度计上,水的冰点为32 ℉(2分),沸点为212 ℉(3分)。

57. 答:螺杆压缩机属于喷油压缩机(5分)。

58. 答:在打开滤油器盖子之前,应停机(2分)并确保压缩机内部管路不带压(3分)。

59. 答:在机组内进行维修或清洁,应断开所有电源(5分)。

60. 答:安全阀的设定压力比高压停机开关要高(3分),当系统压力过高时,高压开关先动作(2分)。

61. 答:初级回油管视镜中能看到稳定的回油(3分),而在次级回油管视镜中只能看到很少回油(2 分)。

62. 答:在冬季,为防冷却器被冻裂(1 分),停机后应将冷却器中的积水放掉(2 分),机组长期不用,也应放掉积水(2 分)。

63. 答:压缩机停机后,操作人员应打开手动排水阀(1 分),将积水放掉(2 分),以免疏水阀内部锈蚀(2 分)。

64. 答:压缩机的进气量的调节是通过进气控制阀(3 分)控制蝶阀的开启量来实现的(2 分)。

65. 答:油气分离器能起到初级分离器(3 分)和储油罐的作用(2 分)。

66. 答:油气分离器前后压差 dp_1 的最大允许值是 0.07 MPa(5 分)。

67. 答:压缩机冷却水进水压力应大于或等于 0.2 MPa(3 分),小于 0.5 MPa(2 分)。

68. 答:当压缩机卸载或停机时(1 分),两只放空阀便自动打开(2 分),放气泄压(2 分)。

69. 答:P_2 表示管线压力(5 分)。

70. 答:P_1 表示分离器内压力(5 分)。

六、综 合 题

1. 答:T_1 表示排气(5 分)温度(5 分)。

2. 答:T_2 表示干测排气(5 分)温度(5 分)。

3. 答:如果监控器的“dp_1”闪烁(5 分),则表示必需要换油气分离器芯(5 分)。

4. 答:如果监控器的“dp_2”闪烁(5 分),则表示必需要换油滤芯(5 分)。

5. 答:如果监控器的“MOTOR”闪烁(5 分),则表示电机过载触电已经断开(5 分)。

6. 答:如果监控器的“INLET FILTER”闪烁(5 分),则表示空滤器需要维护(5 分)。

7. 答:两个温度不同的物体接触时热量总是从高温流向低温(5 分),最后温度趋于相等(5 分)。

8. 答:螺杆转子型面呈扭曲的齿面(5 分),型线复杂,需要专门的设备制造(5 分)。

9. 答:起动按钮(5 分):控制开机(5 分)。

10. 答:停止按钮(5 分):控制停止(5 分)。

11. 答:最大环境温度是 105 ℉(5 分)(41 ℃)(5 分)。

12. 答:冷却方式是风冷(5 分)或水冷(5 分)。

13. 答:润滑油是 Sullube32(5 分)/24KT 油(5 分)。

14. 答:油气分离罐容量是 3.5 US gallon(5 分)(14.8 公升)(5 分)。

15. 答:控制方式是(5 分)电—气动(5 分)。

16. 答:为了减少维护工作,降低成本(5 分),LS—10 系列压缩机在出厂前均已测试和充入了长寿命润滑油(5 分)。

17. 答:润滑油的润滑原理是减少摩擦,所谓摩擦,是指当两个相对运动表面,在外力作用下发生相对位移时,存在一个相对接触面,叫摩擦面。摩擦带来的表观现象如高温、高压、噪音、磨损等(5 分)。其中危害最大的是磨损,磨损有黏着磨损,磨料磨损、腐蚀磨损、表面疲劳磨损等类型,它直接影响机械设备的正常运转甚至失效(5 分)。

18. 答:在轻载潮湿的场所维护,水的冷凝和水的乳化经常发生(5 分),润滑油的更换间隔时间应减少 300 h(5 分)。

19. 答:在轻载潮湿的场所维护,同时油质要求防锈(2 分)、防氧化(2 分)、防泡和良好的水分离特性(3 分)。不要混用其他型号的润滑油(3 分)。

20. 答:如果混用不清洁的矿物油,将导致主机的运转不良(3 分),运行中还会产生发泡(2 分),滤芯堵塞(2 分),节流孔或管路堵塞等(3 分)。

21. 答:压缩机起动前必须检查电动机转向(5 分),若有必要,可去掉压缩机罩壳观察电机转向(5 分)。

22. 答:接好电气线路后,应检查电动机转向(2 分)。按起动按钮,然后按停机按钮,点动一下电动机(2 分)。若从电机看过去,传动轴是顺时针转的。则转向正确(2 分);如果转向不对,断开电源,交换任意两根电源线,接好后再试一次(2 分)。联轴器上有一标志指明转向(2 分)。

23. 答:检查电机是否正常还可以通过电脑板上的 P_1 显示来判断(2 分)。拨起紧急停机按钮,按下起动按钮(2 分),如果 P_1 有压力显示,则表明电机转向正常(2 分)。如果无压力显示,则电机转向异常(2 分),应立即停机切断电源倒相重复上述操作(2 分)。

24. 答:换油前先清洗油路系统(5 分),如果环境温度超过极限或者用超过使用寿命的润滑油,请与供应商联系(5 分)。

25. 答:公司鼓励用户参与寿力供应商的油样分析计划(5 分)。这样会根据实际情况使油的更换时间有所不同(5 分)。

26. 答:压缩机组应安装在有足够强度的支承面(5 分)或地基上(5 分)。

27. 答:压缩机组安装,为使传动部分和内部管路正常工作(5 分),要保证机组水平并固定牢(5 分)。

28. 答:压缩机组安装时,任何管路的载荷都不能传到机组内空气/水管路的接头(5 分)与连接管路上(5 分)。

29. 答:通风时,为使空冷压缩机工作温度稳定(2 分),应保证空气能通畅地进出压缩机(2 分),安装时,风扇一端离墙至少 3 英尺(1.00 m)(2 分),为防止环境温度的升高(2 分),有必要保证充足的进风(2 分)。

30. 答:冷却,对水冷压缩机,应保证冷却水的供应(2 分),水量供应,指带后冷却器满负载运行时压缩机所需水量(2 分)。对水冷却式部分负载压缩机(2 分),轻微的供水不足是允许的(2 分)。然而,对于进水温度较高的冷却水,必须供保证更充分的水量(2 分)。

31. 答:监控仪表,该表盘包括:管线压力表(2 分)、油气分离罐压力表(2 分)、排气温度表(2 分)、分离器压差显示表(2 分),油过滤器压差显示表,开关按钮及计时器(2 分)。

32. 答:油气分离罐压力表:测量油气分离罐不同负载(5 分)和卸载压力(5 分)。

33. 答:排气温度表:监测压缩机排出口的气体/油的温度(4 分),正常情况下,经风冷和水冷的排气温度应在 180 ℉~205 ℉(4 分)(82~96 ℃)之间(2 分)。

34. 答:分离器压力表:监控分离器的状态。如果分离器的流动阻力太大(4 分),指针将指向红色区域(4 分),此时需更换分离器(2 分)。

35. 答:油过滤器压差表:监控油过滤器的状态。如果过滤器的流动阻力太大(4 分),指针将指向红色区域(4 分),此时需更换滤芯(2 分)。

压缩机工(中级工)习题

一、填 空 题

1. 在实际工作中,有时遇到英制的尺寸单位。为了方便起见,将英制尺寸换算成公制尺寸。其换算关系为:1 in 等于(　　)mm。

2. 据一般观察,通过人体的电流大约在(　　)A 以下的交流电和 0.05 A 以下的直流电时,不致于有生命危险,如果超过此值情况就非常危险,心脏会停止跳动,呼吸器官麻醉而致死。

3. 生产现场原用的压力计量单位与法定单位的换算:1 标准大气压等于(　　)kgf/cm^2。

4. 绝对温度(T)与摄氏温度(℃)的换算关系:$T=$(　　)℃。

5. 绝对压力($P_{绝}$)、表压力($P_{表}$)、当地大气压($P_{大气}$)三者的换算关系为(　　)。

6. 承压设备及管网发现有泄漏应在(　　)方可进行处理。

7. 铜制设备的常用焊接方法有三种:锡焊、黄铜气焊、(　　)。

8. 电器设备着火时,不可用泡沫灭火器,而要用(　　)灭火器灭火。

9. 温度是分子热运动平均(　　)的量度,表现为物体的冷热程度。

10. 欧姆定律是流过负载的(　　)I 与负载两端的电压 V 成正比,与负载的电阻 R 成反比。

11. 淬火是将钢加热到(　　)以上,保温一定时间使钢奥氏体化后,再以大于临界冷却速度进行快速冷却,从而发生马氏体转变的热处理工艺。

12. 间隙配合是孔与轴(　　)时,有间隙(包括最小间隙等于零)的配合。

13. 在标准大气压下,以冰的融点作为 0 ℃,水的(　　)作为 100 ℃,在 0～100 ℃之间分成一百等份,每一等份为一度,这种刻度方法称为摄氏温标。

14. 流量是单位时间内流过的(　　)数量。

15. 金属材料的机械性能包括(　　)、塑性、强度、硬度、韧性、抗疲劳性等。

16. 使用游标卡尺前应检查它的零位是否对准,即当两卡脚测量面接触时,主副尺(　　)是否对齐。

17. 孔 $\phi25+0.021$ mm 与轴 $\phi25$ 组成的配合是(　　)。

18. 压缩机润滑系统的润滑油至少应进行(　　)次过滤,以清除其中的杂质。

19. 温度是造成润滑油氧化的最主要的原因,从 60 ℃开始,温度每升高 8～10 ℃,氧化速度将增加(　　)倍。

20. 1 工程大气压,记作 1 at,1 at=(　　)MPa。

21. 1 MPa=(　　)kgf/cm^2。

22. 1 物理大气压记作 1 atm,1 atm=(　　)kgf/cm^2。

23. 空气压缩机按工作原理分为速度式压缩机和(　　)式压缩机两大类。

24. 螺杆空压机的主机内有一对相互啮合的(　　),在电机驱动下高速旋转。

25. 螺杆空压机的吸气系统主要由(　　)和进气控制阀组成。

26. 螺杆空压机的润滑油起(　　)、润滑和密封的作用。

27. 空压机的进气控制器由(　　)和气缸调节机构组成。

28. 吸气系统中蝶阀的功能是控制进气量,机组满负荷时,蝶阀处于(　　)状态。

29. 排气系统中蝶阀的作用相当于最小压力阀,当油气分离器中的压力大于(　　)MPa时,蝶阀打开,机组向外供气。

30. 疏水阀的作用是将压缩空气中的(　　)分离出来,并自动排出机外。

31. 止逆阀的作用是当(　　)卸载或停机时,阻止管网中的气体倒流。

32. 油气分离器由罐体和(　　)组成。

33. 压缩空气中少量润滑油经油气分离器分离出来,并积聚到滤芯的底部,然后通过两根回油管,回到(　　),吸入工作腔。

34. 水管路系统中,进水管接通(　　),即先冷却气,后冷却油。

35. 冷却水的温度应≤30 ℃,若高于(　　)℃,气冷和油冷应各自设置进出水管。

36. 气量调节系统的功能是根据客户用气量的大小,自动调节压缩机的(　　),以便达到供需平衡,节省能源。

37. 螺杆空压机的监视器键盘上的停机按钮,即手动停机和消除报警信号的按钮是(　　)。

38. 螺杆空压机的监视器键盘上的手动按钮,即在无报警信号下启动机组,同时选择手动运行模式,如机组正在运行,能消除报警信号的按钮是(　　)。

39. 螺杆空压机的监视器键盘上的自动按钮,即在无报警信号下启动机组,同时,选择自动运行模式的按钮是(　　)。

40. 螺杆空压机的监视器键盘上的编程按钮,即进入编程模式可修改某些控制参数的设定值的按钮是(　　)。

41. 螺杆空压机的监视器键盘上,即在状态显示模式下更换显示项目,在参数设置模式下增加数值的按钮是(　　)。

42. 螺杆空压机的监视器键盘上,即在状态显示模式下更换显示项目,在参数设置模式下减小数值的按钮是(　　)。

43. 空压机常用的安全附件有压力表、温度计和(　　)。

44. 空压机所用轴承有滚动轴承和(　　)。

45. 冷油器、冷却器、冷凝器的热量传递形式是(　　)。

46. 黏度是润滑油重要的(　　)指标之一,也是润滑油分类的依据。

47. 对于螺杆空压机,油气分离器内油位太低会导致(　　)过高。

48. 对于螺杆空压机,油气分离器滤芯堵塞会导致(　　)过高。

49. 对于螺杆空压机,空气滤清器阻塞会导致供气压力低于(　　)。

50. 对于螺杆空压机,压力传感器 P_2 故障会导致管线压力高于卸载压力的(　　)。

51. 压缩气体的办法有两种(　　)和动能压缩。

52. 容积式压缩的原理是将一定量的连续气体截留于某种容器内,减小其体积从而使(　　),然后将压缩气体推出容器。

53. 绝热压缩是一种在压缩过程中(　　)不产生明显传入或传出的压缩过程。

54. 等温压缩是一种在压缩过程中气体保持(　　)的压缩过程。

55. 用空气来作压缩介质因为空气是可压缩、清晰透明并且输送方便(　　)、无害性、安全、取之不尽。

56. 常态空气规定压力为(　　)、温度为 20 ℃、相对湿度为 36%状态下的空气为常态空气。

57. 容积流量是指在单位时间内压缩机吸入(　　)下空气的流量。

58. 冷冻式干燥机的干燥原理是通过降低压缩空气的(　　)析出水份,然后将空气再加热到接近原来的温度。

59. 螺杆空压机的进气过程:当转子经过入口时,空气从(　　)主机。

60. 螺杆空压机的封闭过程:转子经过入口后,一定体积的空气被密封在两个转子形成的(　　)。

61. 螺杆空压机的压缩及输送:随着转子的转动,压缩腔的体积逐渐减小,空气压力(　　)。

62. 空压机各轴承温度应在(　　)以内。

63. 压缩机工必须经过专门的安全教育,经考试合格,并有(　　)合格证,才准许独立操作。

64. 空压机修理时,必须切断电源,并在电源开关上挂有人工作,(　　)的标志牌。

65. 冷却水软化处理方法目前有:(　　)。

66. 润滑油油质必须(　　)后方可使用。

67. 空压机运转前必须将中间冷却器放水阀(　　)将存水放掉以免启动时发生水击。

68. 空压机与储气罐之间排气管上装止回阀是为了防止压缩机停机时压缩空气的(　　)。

69. 在交接班时,如接班人员没有按时接班,交班人员应(　　)、继续工作并及时向领导汇报。

70. 空压机上的安全阀的空压应为工作压力的(　　)倍。

71. 冷却器,风包沉积水油较多主要是由于(　　)有漏泄现象。

72. 冷却器,风包沉积水油较多主要是(　　)较高,给油过多造成。

73. 一般熔断器用作短路保护,而热继电器则用作电动机的(　　)保护。

74. 在法定长度计量单位中,常用的长度单位的名称有千米,记作(　　)。

75. 在法定长度计量单位中,常用的长度单位的名称有米,记作(　　)。

76. 在法定长度计量单位中,常用的长度单位的名称有分米,记作(　　)。

77. 在法定长度计量单位中,常用的长度单位的名称有厘米,记作(　　)。

78. 在法定长度计量单位中,常用的长度单位的名称有毫米,记作(　　)。

79. 螺杆空压机中,蝶阀的作用是(　　)。

80. 在机械制图中,尺寸标注采用的长度单位是(　　)。

81. 压缩机排气量的单位为(　　)。

82. 转速在 500 转/分的压缩机是(　　)转速压缩机。

83. 大、中型空气压缩机一般采用自来水或(　　)进行冷却。

84. 气缸的润滑方式可分为飞溅润滑和(　　)两种。

85. 气阀分为强制阀和(　　)阀两大类。

86. 设备检修时,必须拉闸,摘保险、由(　　)、其他人员不得乱动。

87. 垂直于投影面的平行光线照射物体,在投影面上形成的投影称为(　　)。

88. 1 MPa=(　　)mH_2O。

89. 16.3 dm=(　　)mm。

90. 1L=(　　)mL。

91. 螺杆空压机 60 m^3/min 的电机功率是(　　)。

92. 螺杆空压机 80 m^3/min 的电机功率是(　　)。

93. 螺杆空压机冷却方式有风冷和(　　)两种方式。

94. 在螺杆空压机机组中,(　　)是最重要的部件。

95. 空气滤清器的作用是滤掉空气中的(　　),保证清洁的空气进入压缩机。

96. 螺杆压缩机停机后,操作人员应打开(　　),将积水放掉,以免疏水阀内部锈蚀。

97. 当水温在 27～29 ℃时,60 m^3/min 的螺杆空压机耗水量为(　　)。

98. 当水温在 27～29 ℃时,80 m^3/min 的螺杆空压机耗水量为(　　)。

99. 螺杆空压机机组长期不用,也应放掉(　　)中的积水。

100. 螺杆空压机水管路系统主要由(　　)、后冷却器和相应的管路组成。

101. 新式(　　)空气压缩机将极大地提高可靠性,大大减少维护工作。

102. 与其他型式的(　　)相比,螺杆式具有极高的机械可靠性。

103. 压缩机工作部件达到了“(　　)”与“免检”的工艺要求。

104. 使用压缩空气的(　　)机械,虽然有效利用系数较低,但在很多技术部门中是完全比得上电力机械的。

105. 压缩机机组由压缩机主机、(　　)、起动器、进气系统、排气系统、冷却润滑系统、气量调节系统、仪表板、冷却器、油气分离器和疏水阀组成。

106. 压缩机机组所有部件都(　　)在一个标准尺寸的底座之上。

107. 空冷机组中,空气在(　　)的牵引下带走电机处产生的热量并通过后冷却器排到机壳外,同时冷却器带走压缩空气和冷却油本身的热量。

108. 水冷机组中,(　　)水冷却器装在压缩机支架上,冷却水进入冷却器带走油液产生的热量,同时另一冷却器对压缩空气进行冷却。

109. 压缩机无论风冷机组或是水冷机组,其需维护的部件如油过滤器、(　　)、空气过滤器都是很容易进行的。

110. 空气压缩机组中一个重要部件是一单级(　　)、油润滑螺杆压缩机。

111. 空气压缩机能提供(　　)无脉动的压缩空气。

112. 空气压缩机注意事项是,(　　)无需保养和内部检查。

113. (　　)压缩机使用的润滑油为专有,需要更换,也只能使用 24KT 润滑油。

114. 空气压缩机注意事项是,混入其他(　　)将使所有质量保证失效。

115. 在第一次更换油过滤器滤芯时,应取出一些(　　),送到生产厂家进行分析。

116. 空气压缩机在螺杆旋转(　　)空气时,润滑油被喷入压缩机机体内,与空气直接混合。

117. 压缩机润滑油具有(　　)作用,它可有效控制压缩放热引起的温升。

118. 压缩机润滑油具有(　　)作用,它填补了螺杆与壳体及螺杆与螺杆之间的泄漏的间隙。

119. 压缩机润滑油具有润滑作用,在转子间形成润滑(　　),以使主动螺杆得以直接驱动从动螺杆。

120. 油气混合物流经(　　)后,油与空气分离,空气进入供气管路,油被冷却后再次喷入压缩机。

121. 冷却润滑系统(风冷机组)包括风扇,(　　),板翅式后冷却器,油冷却器、油过滤器、温控阀、内部连接金属管和软管。

122. 在水冷机组中,用壳管式(　　)和水量调节阀取代风冷机组中的圆柱式冷却器。

123. 润滑油的(　　)由系统中的压差推动,从油气分离罐流向主机的各工作点。

124. 压缩机工作中,当油温低于 170 ℉(　　),温控阀全开,油不经冷却直接流过油过滤器,到各工作点。

125. 润滑油由于(　　)压缩过程产生的热量,油温逐渐升高。

126. 压缩机工作中,当油温高于(　　)77 ℃,温控阀开始关闭。

127. 压缩机工作中,当油温(　　)170 ℉(77 ℃),部分油流入冷却器。冷却后的油流入油过滤器,然后进入主机。

128. 在压缩机中有部分(　　)被送入支承转子的耐磨轴承。

129. 油液在进入压缩机之前,首先经过(　　),以确保流向轴承的油液的洁净。

130. 油过滤器总成由一个可更换滤芯和内部压力(　　)组成,当仪表板上的压差表指针指向红色区域时,必须更换过滤器。

131. 当压缩机在(　　)时,须定时检查压力表的读数。

132. 压缩机水冷机组配有(　　)调节阀,它能根据机组不同载荷调节冷却水流量。压缩机水冷机停机时,阀自动关闭,起截止阀作用。

133. 压缩机水冷机组还带有一(　　)开关,确保压缩机在适当的水压下运行。

134. 加压后的油气(　　)从压缩机出来,进入油气分离罐。

135. 分离器有三个作用:作为初级分离器使用、作为压缩机(　　)使用、作为装有二级油分离器。

136. 油气混合物进入油气分离罐,撞击(　　)表面,流速大大降低,流向改变,形成大的油滴,由于它们较重,大部分落入罐体底部。

137. 油气混合物其余少部分油在流经分离芯时分离出来,沉积在分离芯底部。分离芯底部引出一根回油管,接回压缩机入口;回油管上有(　　),还有节流孔(前装过滤器)保证回油稳定。

138. 经过过滤分离的压缩空气的(　　)会低于 1 PPM。

139. 在仪表盘上装有(　　)/压差显示表,当指针指向红色区域时,必须更换油气分离器滤芯。

140. 当压缩机在(　　)下运行时,必须定时检查压差读数。

141. 在油气分离器之后装有(　　),以保证油气分离罐压力在加载工况下不低于 50 Psig(3.5 bar),该压力是保证油路正常地运行的最低压力。

142. 最小压力阀内设有(　　),能防止停机及卸载时管线压缩空气的回流。

143. 油气分离罐装有(　　),当油气分离罐压力超过罐压设定值时,安全阀自动打开。

144. 温度(　　)在排气温度高于 235 ℉(113 ℃)时停机。

145. 压缩机运转或带压状态下不能拆卸(　　),注油塞及其他零件。如需拆卸,必须停机并放掉全部内压。

146. 为防止油加注(　　),注油口设在油气分离罐外部较低的位置上。

147. 通过(　　)可察看油气分离罐中的油量。

148. 控制系统能根据所需的压缩(　　)调节压缩机进气量。

149. 当管线压力大约超过加载压力 10 Psig(0.7 bar)左右时,在控制系统作用下,机组放空(　　),这能大大降低能耗。

150. 控制系统包括进气阀(位于压缩空气进口处)、(　　)、电磁阀、压力调节开关和压力调节器。

151. 可以通过压缩机运行中的四种(　　)说明控制系统的功能。

152. 启动时控制气压力范围是(　　) (0～3.5 bar)。

153. 按下起动按钮,压缩机起动,(　　)从小储气罐中放出,关闭进气阀。

154. 压缩机从(　　)开始起动,当达设定时间(一般 6 s 后)会自动切换到满负荷状态,在此过程中,压力调节器和电磁阀一直关闭。此时进气阀全开,机组满载运行。

155. 压缩机起动后,(　　)内压力迅速从 0 升到 50 Psig(0～3.5 bar)最小压力阀关闭,系统与供气管断开;最小压力阀的设定在 50 Psig(3.5 bar)左右。

156. 常规运行时控制气压力范围是 50～115 Psig(　　)后,最小压力阀打开,压缩空气进入供气管。

157. 常规运行,压缩空气(　　)供气管,自此开始,管线压力由压力调节开关(一般设定为 125 Psig[8.6 bar])和管线压力表监控。在此状态下,压力调节器和电磁阀仍然关闭,进气阀也不动作,一直处于全开状态。

158. 气量调节时控制气压力范围是 115～125 Psig(7.9～8.6 bar)若所需气量低于(　　)排气量,排气压力上升,当超过 115 Psig(7.9 bar)时,压力调节器动作。将控制气输送到进气阀内的活塞,部分关闭进气阀,减少进量,使供气与用气平衡,使压力维持在 115～125 Psig(7.9～8.6 bar)之间。

159. 控制系统根据(　　)的需要,不断地来回调节供气量。

160. 压力调节器上有一(　　),可在调节进气阀时放掉少部分控制气,同时放掉控制管路中的水气。

161. 控制系统能根据所需的压缩空气量调节压缩机的(　　)。该控制系统包括电磁阀、压力调节器、进气阀。

162. 自动运行模式,电脑控制板的“(　　)”模式按钮,能满足用户随时用气的要求,当你按下此按钮,压缩机会根据用气需求随时开机或关机。

163. 压缩机进气系统包括(　　)、维修指示器和进气阀。

164. 仪表板上有反映空气过滤器状态的维修指示器,如果空滤器的(　　)太大,维修指示器会跳出红色指示,此时需维护过滤器。

165. 螺杆空压机的进气阀,它的(　　)由压力调节器根据需求量来调节。停机时,进气阀关闭,起止回阀的作用。

166. 监控仪表,该表盘包括:管线压力表、油气分离罐压力表、(　　)、分离器压差显示表,油过滤器压差显示表,开关按钮及计时器。

167. 管线压力表的作用是:位于最小压力阀之后,与油气分离罐的(　　)相通,测量供气压力。

168. 油气分离罐压力表的作用是:测量油气分离罐不同的(　　)和卸载压力。

169. 排气温度表的作用是:监测压缩机排出口的气体温度,正常情况下,经风冷和水冷的排气温度应在(　　)到 205 ℉(82～96 ℃)之间。

170. 分离器压力表的作用是:(　　)分离器的状态。如果分离器的流动阻力太大,指针将指向红色区域,此时需更换分离器。

171. 油过滤器(　　)的作用是:监控油过滤器的状态。如果过滤器的流动阻力太大,指针将指向红色区域,此时需更换滤芯。

172. 计时器的作用是:反映压缩机的(　　),操作与维护时可参考该参数。

173. 螺杆空压机监控器上显示的红灯(　　)时,表示压缩机已通电。

174. 螺杆空压机监控器上显示的绿灯亮表示(　　)机运行。

175. 螺杆空压机监控器上有手动/自动开关,可选择手动或自动(　　)模式。

二、单项选择题

1. 螺杆压缩机属于(　　)。

(A)速度式压缩机　　(B)容积式压缩机

(C)轴流式压缩机　　(D)活塞式压缩机

2. 机械工厂动力用压缩空气的压力一般在(　　)MPa 以下。

(A)0.5　　(B)0.6　　(C)0.8　　(D)1.0

3. 工作中要求测量精度在 0.02 mm 时,应选用的测量工具是(　　)。

(A)卷尺　　(B)游标卡尺　　(C)千分尺　　(D)工具尺

4. 交接班时设备发生故障,需要(　　)进行处理。

(A)交班者　　(B)接班者　　(C)交接双方人员　　(D)维修人员

5. 空压站供给压缩机冷却系统的主要水源是(　　)。

(A)水斗　　(B)水池　　(C)水箱　　(D)水位

6. 压缩空气管道颜色应为(　　)。

(A)黑色　　(B)蓝色　　(C)灰色　　(D)黄色

7. 额定排气压力为 0.8 MPa 的压缩机均属于(　　)空压机。

(A)低压　　(B)中压　　(C)高压　　(D)压力

8. 管道输送压缩空气的压力一般应是(　　)MPa。

(A)0.8　　(B)0.7　　(C)0.66～0.7　　(D)0.3

9. 在检修空压机时常用的移动照明灯电压不应超过(　　)V。

(A)220　　(B)110　　(C)36　　(D)360

10. 在空压机配电柜中起失压保护的电器是(　　)。

(A)熔断器　　(B)热断电器　　(C)交流接触器　　(D)继电器

11. 压缩风的介质是(　　)。

(A)空气　(B)氧气　(C)氮气　(D)二氧化碳

12. 水冷式螺杆压缩机一般采用(　　)冷却。

(A)循环水　(B)自来水　(C)中水　(D)水塔

13. 安全阀作为一种保护装置,当处于全开状态时的流量应(　　)压缩机的排气量。

(A)≥　(B)=　(C)<　(D)≤

14. 安全阀的阀瓣在运行条件下开始升起时的进口压力称为(　　)。

(A)整定压力　(B)回座压力　(C)排放压力　(D)进气压力

15. 安全阀排放后阀瓣回落重新与阀座接触时的进口压力称为(　　)。

(A)整定压力　(B)回座压力　(C)排放压力　(D)进气压力

16. 安全阀的阀瓣达到规定开启高度时的压力称为(　　)。

(A)整定压力　(B)回座压力　(C)排放压力　(D)进气压力

17. 标准或规范规定的安全阀的排放压力的上限值称为(　　)。

(A)整定压力　(B)额定排放压力　(C)排放压力　(D)进气压力

18. 机械工厂动力用压缩空气一般在 0.7 MPa 以下,管网中的储气罐属于(　　)压力容器。

(A)一类　(B)二类　(C)三类　(D)四类

19. 600 hp 螺杆空压机一般的耗水量为(　　)t/h。

(A)19　(B)29　(C)39　(D)69

20. (　　)会导致排气量降低。

(A)滤尘器中的滤芯损坏　(B)滤清器太脏发生堵塞

(C)冷却水进水温度过低　(D)冷却水进水温度过高

21. 螺杆空压机换油的原因之一是润滑油中机械杂质的含量高于(　　)。

(A)0.5%　(B)1%　(C)1.5%　(D)6%

22. 下列部件不属于排气系统中的是(　　)。

(A)油气分离器　(B)止逆阀　(C)空气滤清器　(D)阀门

23. 当压缩机卸载或停机时,(　　)便自动打开,放气泄压。

(A)止逆阀　(B)放空阀　(C)安全阀　(D)阀门

24. 油气分离器上设有两只(　　),当分离器内的压力超过设定值时,它们便自动打开,迅速放气泄压,确保机组安全。

(A)止逆阀　(B)放空阀　(C)安全阀　(D)阀门

25. 螺杆空压机冷却水的温度若高于(　　)℃,气冷和油冷应各自设置进出水管,不能串联。

(A)27　(B)29　(C)32　(D)45

26. 螺杆空压机排气系统中,蝶阀的作用相当于(　　)。

(A)止逆阀　(B)最小压力阀　(C)安全阀　(D)阀门

27. 疏水阀的作用是(　　)。

(A)控制冷却水进水量　(B)控制冷却水出水量

(C)分离压缩空气中冷凝水　(D)压缩风

28. 经油气分离器分离的润滑油最终回到(　　)。
(A)油过滤器　(B)主机工作腔　(C)油冷却器　(D)回油管
29. STOP 表示(　　)。
(A)停机　(B)开机　(C)待机　(D)加压
30. STANDBY 表示(　　)。
(A)停机　(B)开机　(C)待机　(D)加压
31. STARTING 表示(　　)。
(A)起动　(B)卸载　(C)加载　(D)加压
32. OFF LOAD 表示(　　)。
(A)起动　(B)卸载　(C)加载　(D)加压
33. ON LOAD 表示(　　)。
(A)起动　(B)卸载　(C)加载　(D)加压
34. FULL LOAD 表示(　　)。
(A)满载　(B)卸载　(C)加载　(D)加压
35. RTM STOP 表示(　　)。
(A)停机　(B)遥控停机　(C)待机　(D)加压
36. SEQ STOP 表示(　　)。
(A)遥控停机　(B)待机　(C)机组停止运行　(D)运行
37. HRS RUN 表示(　　)。
(A)累计运行时间　(B)机组停止运行　(C)遥控停机　(D)运行
38. HRS LOAD 表示(　　)。
(A)累计运行时间　(B)机组停止运行　(C)累计加载时间　(D)运行
39. P_1 表示(　　)。
(A)分离器内的压力　(B)管线压力　(C)卸载压力　(D)运行压力
40. P_2 表示(　　)。
(A)分离器内的压力　(B)管线压力　(C)卸载压力　(D)运行压力
41. T_1 表示(　　)。
(A)排气温度　(B)干侧排气温度　(C)温度差　(D)进气温度
42. T_2 表示(　　)。
(A)排气温度　(B)干侧排气温度　(C)温度差　(D)进气温度
43. dp_1 表示(　　)。
(A)管线压力　(B)分离器前后压差
(C)管网压力　(D)进气压力
44. dp_2 表示(　　)。
(A)管线压力　(B)分离器前后压差
(C)油过滤器前后压差　(D)进气压力
45. MOTOR 表示(　　)。
(A)电机过载灯　(B)电源指示灯　(C)运行指示灯　(D)压差指示灯
46. POWER 表示(　　)。

(A)电机过载灯　(B)电源指示灯　(C)运行指示灯　(D)压差指示灯

47. ON 表示(　　)。

(A)电机过载灯　(B)电源指示灯　(C)运行指示灯　(D)压差指示灯

48. INLET FILTER 表示(　　)。

(A)电机过载灯　(B)电源指示灯

(C)空气滤清器指示灯　(D)压差指示灯

49. dp_1 灯光闪烁,则表示需要更换(　　)。

(A)油气分离器芯　(B)空气滤清器芯　(C)油过滤器芯　(D)排气管路

50. dp_2 灯光闪烁,则表示需要更换(　　)。

(A)油气分离器芯　(B)空气滤清器芯　(C)油过滤器芯　(D)排气管路

51. 热量的单位名称是(　　)。

(A)焦耳　(B)瓦特　(C)牛顿　(D)压强

52. 物体单位面积上所受的压力叫做(　　)。

(A)作用力　(B)反作用力　(C)压强　(D)排气管路

53. 绝对温度单位用(　　)表示。

(A)℃　(B)F　(C)K　(D)T

54. 储气罐应装设(　　)。

(A)安全阀、压力表、人孔、排水阀　(B)安全阀、温度表、人孔、排水阀

(C)安全阀、温度表、压力表、人孔　(D)排气管路

55. 螺杆空压机定保间隔期为(　　)。

(A)一个月　(B)两个月　(C)四个月　(D)六个月

56. 用千分尺测量圆柱形工件的直径时,直接从尺上读数,这种测量方法是(　　)。

(A)相对测量　(B)绝对测量　(C)现场测量　(D)工具测量

57.(　　)是法定长度计量单位的基本单位。

(A)米　(B)厘米　(C)毫米　(D)分米

58.5 英分写成(　　)in。

(A)1/2″　(B)3/4″　(C)5/8″　(D)1″

59. 同轴度属于(　　)公差。

(A)尺寸　(B)位置　(C)形状　(D)精确

60. 1 cm=(　　)mm。

(A)10　(B)1　(C)0.1　(D)3

61. 1 in=(　　)mm。

(A)25.4　(B)20　(C)15　(D)30

62. 压力表的量程应是工作压力的(　　)。

(A)1 倍　(B)1.5 倍　(C)1.5～3 倍　(D)4 倍

63. 气体管道阀门和储气罐,每(　　)应进行一次清扫。

(A) 一年　(B)半年　(C)二年　(D)三年

64. 安全阀的作用是可作为(　　)使用。

(A)运动装置　(B)保护装置　(C)密封装置　(D)进气装置

65. 冷却水应接近中性,其暂时硬度≤(　　)。

(A)5°　　(B)10°　　(C)15°　　(D)35°

66. 供气压力低于额定排气压力,可能的原因有(　　)。

(A)螺旋阀打开　　(B)螺旋阀关闭　　(C)螺旋阀损坏　　(D)螺旋阀拆除

67. 供气压力低于额定排气压力,可能的原因有(　　)。

(A) 油气分离器损坏　　(B)油气分离器堵塞

(C)油气分离器滤芯堵塞　　(D)油气过滤器堵塞

68. 螺杆空压机的分类按(　　)方式的不同,分为无油压缩机和喷油压缩机。

(A)维修　　(B)结构　　(C)运行　　(D)卸载

69. 螺杆空压机的分类按被压缩(　　)的不同,分为空气压缩机、制冷压缩机和工艺压缩机三种。

(A)气体种类和用途 (B)结构　　(C)压缩　　(D)分类

70. 螺杆空压机的分类按(　　)形式的不同,分为移动式和固定式、开启式和封闭式。

(A)结构　　(B)固定式　　(C)开启式　　(D)容积

71. 螺杆空压机正常运行时,技术参数(T_1)的正常范围是(　　)。

(A)95 ℃$<T_1<$120 ℃　　(B)90 ℃$<T_1<$103 ℃

(C)90 ℃$<T_1<$113 ℃　　(D)38 ℃$<T_1$

72. 螺杆空压机正常运行时,技术参数 ΔP_1 的正常范围是(　　)

(A)$\Delta P_1<0.03$ MPa　　(B)$\Delta P_1<0.02$ MPa

(C)$\Delta P_1<0.07$ MPa　　(D)$\Delta P_1<0.1$ MPa

73. 螺杆空压机正常运行时,技术参数 $P_{排}$ 的正常范围是(　　)

(A)$P_{排}<0.8$ MPa　　(B)$P_{排}<0.7$ MPa

(C)$P_{排}<0.6$ MPa　　(D)$P_{排}<0.1$ MPa

74. 当监控器发出过滤器的维护信号时面板上 ΔP_2 灯光(　　),应对油过滤器进行维护,及时更换滤芯。

(A)熄灭　　(B)亮　　(C)闪烁　　(D)静止

75. 压强的标准单位名称是(　　)。

(A)公斤　　(B)帕　　(C)牛顿　　(D)焦耳

76. 物体单位面积上所受的压力叫做(　　)。

(A)作用力　　(B)反作用力　　(C)压强　　(D)重力

77. 材料的导电性能用(　　)来衡量。

(A)电压　　(B)电流　　(C)电阻系数　　(D)电功率

78. 安培表永远和电路(　　)。

(A)串联　　(B)并联　　(C)串接　　(D)连接

79. 伏特表永远和电路(　　)。

(A)并联　　(B)串联　　(C)串接　　(D)连接

80. 下面不是压缩机功率消耗过高的原因的有(　　)。

(A)气阀阻力过大　　(B)排气管道和冷却器阻力过大

(C)气阀阻力过小　　(D)阻力不变

81. 气体的压力的方向总是垂直于容器的(　　)。
(A)端面　(B)表面　(C)平面　(D)外面
82. 下列不是空压机的主要附属设备的是(　　)。
(A)空气滤清器　(B)冷却器　(C)循环水　(D)油气分离器
83. 能量从一物体传到另一物体可以由(　　)方式来实现。
(A)等温　(B)作功和传热　(C)绝热　(D)传导
84. 监控器通过液晶显示器(　　)显示机组的工作状态。
(A)LCD　(B)LRT　(C)LOAD　(D)LL
85. 螺杆空压机是(　　)润滑的容积式压缩机。
(A)无油　(B)有油　(C)润滑脂　(D)无水
86. TS、LS系列螺杆空压机是(　　)压缩机。
(A)速度式　(B)容积式　(C)轴流式　(D)单级
87. 螺杆空压机比活塞式空压机的一个优点是风含油量(　　)。
(A)多　(B)少　(C)相等　(D)不变
88. 螺杆空压机比活塞式空压机的一个优点是风含水量(　　)。
(A)多　(B)少　(C)相等　(D)不变
89. 螺杆空压机比活塞式空压机的一个优点是(　　)积碳。
(A)多　(B)少　(C)无　(D)有
90. 螺杆空压机的安全性比活塞式空压机的安全性(　　)。
(A)好　(B)差　(C)一样　(D)更差
91. 螺杆空压机的排风温度远远(　　)活塞式空压机。
(A)低于　(B)高于　(C)无法比较　(D)等于
92. 由于螺杆空压机生产的风中含油量相对较少,所以对碳钢管道腐蚀相对(　　)。
(A)较大　(B)较小　(C)无法确定　(D)等同
93. 由于螺杆空压机生产的风中含油量相对较少,所以对碳钢阀门腐蚀相对(　　)。
(A)较大　(B)较小　(C)无法确定　(D)更多
94. 室外储气罐及附属阀门在冬季很容易发生(　　)现象。
(A)冰冻　(B)跑水　(C)漏风　(D)渗水
95. 操作者每天检查循环水池最少(　　)次。
(A)1　(B)2　(C)3　(D)4
96. 螺杆空压机要求每(　　)min 巡回检查一次。
(A)30　(B)45　(C)60　(D)4
97. 螺杆空压机循环水池水位应保持在(　　)以上。
(A)1/3　(B)1/2　(C)2/3　(D)3/4
98. 公司空压站的循环水泵在冬季必须每天(　　)h 连续运转,以防冻坏管道影响生产。
(A)8　(B)16　(C)24　(D)4
99. 公司空压站冷却塔的材质是(　　)。
(A)塑料　(B)钢　(C)玻璃钢　(D)不锈钢
100. 公司空压站每台冷却塔的冷却能力为(　　)t/h。

(A)60　　(B)80　　(C)120　　(D)4

101. 公司空压站玻璃钢冷却塔冷却方式是(　　)。

(A)混合　　(B)传导　　(C)对流　　(D)辐射

102. 公司空压站玻璃钢冷却塔冷却原理是热水从上经过(　　)向下流,冷却风从下往上抽,将水中热量带走。

(A)管道　　(B)布水器　　(C)耐腐填料　　(D)油路

103. 水泵不上水的原因可能是(　　)有空气。

(A)进水管道　　(B)出水管道　　(C)空压机冷却器中　　(D)漏气

104. 一般交流电流和交流电压都是按(　　)。

(A)正弦规律　　(B)余弦规律　　(C)直流规律　　(D)交流规律

105. 螺杆空压机当主机中啮合的转子的齿间容积与主机排气口相通时,(　　)便从排气口排出。

(A)空气　　(B)油气混合空气　　(C)压缩空气　　(D)漏气

106. 螺杆空压机吸气系统主要由(　　)和进气控制阀组成。

(A)空气滤清器　　(B)管路控制过滤器　　(C)蝶阀　　(D)漏气

107. 空气滤清器的作用是滤掉空气中的杂质,保证洁净的空气(　　)压缩机。

(A)排出　　(B)进入　　(C)冷却　　(D)漏气

108. 螺杆空压机进气控制阀由(　　)和气缸调节机构组成。

(A)蝶阀　　(B)截止阀　　(C)最小压力阀　　(D)油路

109. 蝶阀的作用是(　　)进气量。

(A)增大　　(B)减少　　(C)控制　　(D)改变

110. 当螺杆空压机满负荷工作时,蝶阀处于(　　)状态。

(A)关闭　　(B)半开　　(C)全开　　(D)半闭

111. 当用户停止用气时,蝶阀(　　),停止进气,压缩机处于空载状态。

(A)关闭　　(B)半开　　(C)全开　　(D)半闭

112. 螺杆空压机排气系统主要由主机、(　　)、最小压力阀、后冷却器、疏水阀和连接管路组成。

(A)管路控制过滤器　　(B)油过滤器　　(C)油分离器　　(D)油路

113. 质量的标准单位是(　　)。

(A)千克　　(B)克　　(C)吨　　(D)油路

114. 最小压力阀的设定压力是(　　)MPa,目的是保证在刚启动时主机内部润滑系统的正常工作。

(A)0.15　　(B)0.25　　(C)0.35　　(D)0.45

115. 螺杆空压机润滑油采用的计量单位是加仑(gal),1gal=(　　)L。

(A)3.546　　(B)4.546　　(C)5.546　　(D)6.546

116. 螺杆空压机排气系统中止逆阀的作用是当压缩机卸载或停机时,阻止(　　)中的气体倒流。

(A)油分离器　　(B)油过滤器　　(C)管网　　(D)油路

117. 螺杆空压机设有高压停机开关,当油气分离器中的压力达到(　　)时,就会自动停机。

(A)管网压力 (B)额定压力 (C)设定压力 (D)进气压力

118. 螺杆空压机在正常运行情况下,(　　)是不会打开的。

(A)止逆阀 (B)蝶阀 (C)安全阀 (D)放空阀

119. 油气分离器的工作原理是由于离心力的作用,一般情况下油气混合物经过初级滤芯和二级滤芯把压缩空气和油分离出来,油积聚在(　　)的底部。

(A)油分离器滤芯 (B)油过滤器 (C)冷却器 (D)油路

120. 螺杆空压机油分离器底部的润滑油通过(　　)回油管,回到主机进气口,吸入工作腔。

(A)一根 (B)两根 (C)三根 (D)四根

121. 螺杆空压机油管路系统主要由主机、油气分离器、(　　)、油过滤器、油冷却器及连接管路组成。

(A)止逆阀 (B)蝶阀 (C)热力阀 (D)放空阀

122. 油气分离器中的润滑油经过热力阀进入(　　),再经过油过滤器回到主机工作腔。

(A)蝶阀 (B)止逆阀 (C)油冷却器 (D)放空阀

123. 螺杆空压机润滑油的作用之一是冷却,喷入机体内的润滑油能(　　)大量的空气在压缩过程中产生的热量,从而起到冷却的作用。

(A)吸收 (B)排出 (C)消除 (D)释放

124. 螺杆空压机润滑油的作用之二是润滑,润滑油在两转子之间形成一层油膜,避免阴阳转子(　　),从而避免转子型面的磨损。

(A)间隙过大 (B)直接接触 (C)间隙过小 (D)间接接触

125. 螺杆空压机润滑油的作用之三是密封,润滑油可以填补转子与转子之间,转子与机壳之间的间隙,减少机体内部的泄漏损失,提高压缩机(　　)。

(A)产风量 (B)整体效率 (C)容积率 (D)单耗指标

126. 螺杆空压机回油管上设有(　　),供操作人员巡回检查时观察回油情况。

(A)过滤器 (B)观察孔 (C)视油镜 (D)油位

127. 螺杆空压机正常运行时,回油管中回油量(　　)或流量很少,应停机卸压后清洗回油过滤器。

(A)很大 (B)断流 (C)时断时续 (D)持续流动

128. 螺杆空压机水管路系统主要由(　　)、后冷却器和相应的管路组成。

(A)主机 (B)油分离器 (C)油冷却器 (D)油过滤器

129. 螺杆空压机进水管应先接通后冷却器,即先冷却(　　),后冷却润滑油。

(A)压缩风 (B)润滑脂 (C)油气混合物 (D)循环水

130. 为了使(　　)长期保持良好的换热效果,延长设备使用寿命,必须使用洁净的冷却水。

(A)冷却器 (B)主机 (C)散热器 (D)油冷却器

131. 450 hP 螺杆空压机一般情况下耗水量为(　　)t/h。

(A)20 (B)25 (C)30 (D)50

132. 螺杆空压机进水压力最小值是(　　)MPa。

(A)0.1　(B)0.2　(C)0.3　(D)50

133. 螺杆空压机进水压力最大值是(　　)MPa。

(A)0.3　(B)0.4　(C)0.5　(D)50

134. 公司使用的螺杆空压机 60 m^3/min 的电机功率是(　　)hp。

(A)250　(B)350　(C)450　(D)50

135. 公司使用的螺杆空压机 80 m^3/min 的电机功率是(　　)hp。

(A)250　(B)350　(C)600　(D)50

136. 在螺杆空压机机组中,(　　)是最重要的部件。

(A)电机　(B)主机　(C)冷却器　(D)排气管

137. 空气滤清器的作用是滤掉空气中的(　　),保证清洁的空气进入压缩机。

(A)水分　(B)杂质　(C)二氧化碳　(D)排气管

138. 螺杆压缩机停机后,操作人员应打开(　　),将积水放掉,以免疏水阀内部锈蚀。

(A)放空阀　(B)自动排水阀　(C)手动排水阀　(D)排气管

139. 螺杆空压机机组长期不用,也应放掉(　　)中的积水。

(A)油分离器　(B)冷却器　(C)疏水器　(D)排气管

140. 螺杆空压机气量调节系统的功能是根据用气量的大小,(　　)压缩机的进气量,以便达到供需平衡,节省能源。

(A)人工手动调节　(B)自动调节　(C)人工开停机调节　(D)排气管

141. 螺杆空压机气量调节系统主要由蝶阀、(　　)、调节机构和部分管路组成。

(A)最小压力阀　(B)螺旋阀　(C)放空阀　(D)排气管

142. 当用气量等于或大于螺杆空压机组的额定排气量时,机组将在满负荷状态下运行。此时,控制进气量的蝶阀保持最大开度,螺旋阀的指针将指向(　　)。

(A)最小位置　(B)中间位置　(C)最大位置　(D)零位置

143. 当用气量小于螺杆空压机组的额定排气量时,气量调节系统自动控制蝶阀的开度,当客户停止用气时,蝶阀将自动关闭,此时,机组将处于空载状态,螺旋阀的指针将指向(　　)。

(A)最小位置　(B)中间位置　(C)最大位置　(D)零位置

144. 螺杆空压机螺旋阀的调节气量范围是从 100%调节到(　　)。

(A)30%　(B)50%　(C)80%　(D)90%

145. 为保证螺杆空压机正常工作,压缩机离墙至少(　　)m。

(A)1　(B)1.2　(C)1.5　(D)7

146. 为保证螺杆空压机正常工作,压缩机顶盖与天花板的距离至少(　　)m。

(A)1.5　(B)1.6　(C)1　(D)7

147. 螺杆空压机排出管路上必须安装一个(　　),目的是方便检修空压机。

(A)止逆阀　(B)截止阀　(C)安全阀　(D)放空阀

148. 螺杆空压机电机坚决不能反转,否则,润滑油会从(　　)喷出。

(A)油分离器　(B)进气口　(C)油过滤器　(D)安全阀

149. 螺杆空压机两根回油管必须插到油分离器滤芯的(　　),否则影响回油效果。

(A)上部　(B)中间位置　(C)底部　(D)零位置

150. 螺杆空压机空气滤清器滤芯除尘的方法是用压缩空气(　　)吹,吹口离滤芯表面10mm左右,自上而下沿圆周进行。

(A)自内向外　(B)从外向内　(C)从下往上　(D)从上往下

151. 为简单起见,选用一台工作压力在115～125 Psig(7.9～8.6 bar)之间的压缩机说明,除(　　)不同外,其原理适用于所有SL10系列的机组,而且压缩机都有相同的运行方式。

(A)无压力　(B)正压力　(C)工作压力　(D)压力

152. 卸载时控制气压力(　　)125 Psig(8.6 bar)线压。

(A)超过　(B)等于　(C)小于　(D)等同

153. 如果客户不用气,管线压力将上升,超过压力调节开关(　　),压力调节开关跳开,电磁阀掉电。

(A)数值　(B)设定值　(C)正值　(D)最小值

154. 如果客户不用气,控制气直接进入进气阀,将气口关闭;同时,(　　)在控制气作用下打开,将分离罐内压缩空气放掉,使分筒内压力维持在25～27 Psig(1.7～1.9 bar),供气管路上的最小压力阀防止管线气体回到油气分离罐中。

(A)空气　(B)放空　(C)空值　(D)放空阀

155. 当用气量增加时,管线压力下降,低于115 Psig(7.9 bar)时,压力调节开关闭合,接通电磁阀电源,这时通往(　　)及放空阀的控制气都被切断。这样进气阀全部打开,放空阀关闭,机组全负荷运行。

(A)空气　(B)放空　(C)进气阀　(D)放空阀

156. 机组全负荷运行,当压力(　　)以后,压力调节器将重新发挥调节功能。

(A)升高　(B)降低　(C)最小　(D)最大

157. 如果用户不是一直需要压缩空气,可选择双级控制的机器,将机组置于(　　)。在该模式下运行的机组能在不需要供气时自动停机;而当用户需要压缩空气,机组又会自动起动并加载供气。

(A)卸载模式　(B)自动模式运行　(C)负载模式　(D)空载

158. 检修冷却塔时必须停(　　)。

(A)排污阀　(B)水泵　(C)进气阀　(D)放空阀

159. 螺杆空压机运行过程中检查管道是否(　　)。

(A)运行　(B)空载　(C)泄漏　(D)负载

160. 螺杆空压机运行过程中查看运行温度。如果运行温度超过205 ℉(96 ℃),应检查冷却系统和(　　)。

(A)环境状况　(B)运行温度　(C)检查管道　(D)运行过程

161. 螺杆空压机运行过程中通过回油管(　　)查看回油情况;检查是否有需维护的信号。

(A)视镜　(B)油位　(C)箭头　(D)监控

162. 螺杆空压机运行过程中监控器运行参数设置按向上箭头或机器标志键(　　)参数值。

(A)减小　(B)增大　(C)收缩　(D)不变

163. 螺杆空压机按下PRG键后,监控器进入(　　)。

(A)停止模式　　(B)起动模式　　(C)运行模式　　(D)编程模式

164. 电阻系数越小,材料(　　)越好。

(A)压差性能　　(B)启动性能　　(C)导电性能　　(D)单相性能

165. 螺杆空压机运行过程中监控器运行参数设置按标志键时,参数的(　　)是10。

(A)减少　　(B)扩大　　(C)减量　　(D) 增量

166. 压缩机起动前必须检查电动机转向,若有必要,可去掉(　　)观察电机转向。

(A)压缩机罩壳　　(B)电气线路　　(C)负载模式　　(D)管线

167. 接好电气线路后,应检查电动机转向。按启动按钮,然后按停机按钮点动一下电动机。若从电机看过去,传动轴是(　　)转的。则转向正确;如果转向不对,断开电源,交换任意两根电源线,接好后再试一次。联轴器上有一标志指明转向。

(A)逆时针　　(B)顺时针　　(C)逆向　　(D)正向

168. 检查电机是否正常还可以通过电脑板上的 P_1 显示来判断。拨起紧急停机按钮,按下起动按钮,如果 P_1(　　),则表明电机转向正常。如果无压力显示,则电机转向异常,应立即停机切断电源倒相。

(A)无显示　　(B)无数字　　(C)有零显示　　(D)有压力显示

169. 压缩机换油前先清洗(　　)。

(A)环境系统　　(B)进气系统　　(C)油路系统　　(D)系统

170. 压缩机生产厂家鼓励用户参与(　　)计划。这样会根据实际情况使油的更换时间有所不同。

(A)排气分析　　(B)油样分析　　(C)化验分析　　(D)雾化分析

171. 压缩机组应安装在有足够强度的(　　)或地基上。

(A)系统　　(B)空间　　(C)支承面　　(D)水平面

172. 压缩机组安装,为使(　　)和内部管路正常工作,要保证机组水平并固定牢。

(A)传动部分　　(B)水管路　　(C)支承面　　(D)水平面

173. 压缩机组安装,任何管路(　　)的都不能传到机组内空气/水管路的接头与连接管路上。

(A)弯曲　　(B)空载　　(C)载荷　　(D)重载

174. 通风,为使空冷压缩机(　　)稳定,应保证空气能通畅地进出压缩机,安装时,风扇一端离墙至少 3 in(1.00 m),为防止环境温度的升高,有必要保证充足的进风。

(A)工作压力　　(B)工作状态　　(C)压缩风　　(D)工作温度

175. 冷却对水冷压缩机,应保证(　　)的供应,水量供应,指带后冷却器满负载运行时压缩机所需水量。

(A)冷却水　　(B)水管路　　(C)水流量　　(D)水平面

三、多项选择题

1. 下列关于压缩机吊装注意事项中说法正确的是(　　)。

(A)压缩机吊得足够高即可,无需太高

(B)压缩机起吊后,吊装员不能离开现场

(C)放下压缩机时,其支承面应有足够强度

(D)风大时不能吊装

2. 下列说法错误的是(　　)。

(A)动力用压缩空气压力一般在 0.7 MPa 以下

(B)动力用压缩空气压力一般在 0.5 MPa 以下

(C)动力用压缩空气压力一般在 0.6 MPa 以下

(D)动力用压缩空气压力一般在 0.8 MPa 以下

3. 关于交接班时设备发生故障,下列说法不正确的是(　　)。

(A)故障由交班人员进行处理　(B)故障由接班人员进行处理

(C)故障由交接双方进行处理　(D)等待班长进行故障处理

4. 下列是空压站供给压缩机冷却水主要水源的是(　　)。

(A)水池　(B)水箱　(C)水斗　(D)水泵

5. 下列不是压缩空气管道颜色的是(　　)。

(A)黑色　(B)蓝色　(C)灰色　(D)深蓝色

6. 额定排气压力在 0.8 MPa 的压缩机不属于(　　)。

(A)低压　(B)中压　(C)高压　(D)低压和高压

7. 本公司管道输送压缩空气的压力不应该是(　　)MPa。

(A)0.9　(B)0.8　(C)0.7　(D)0.66～0.7

8. 在空压机配电柜中,不具有失压保护作用的是(　　)。

(A)熔断器　(B)热熔断器　(C)交流接触器　(D)失压保护器

9. 不是水冷式螺杆压缩机冷却介质的是(　　)。

(A)循环水　(B)自来水　(C)中水　(D)氧化水

10. 电工仪表按其所测数值性质不同,可分为(　　)。

(A)电表　(B)安培表　(C)伏特表　(D)瓦特表

11. 压力容器内介质危险性主要表现为(　　)。

(A)燃烧性　(B)爆炸性　(C)毒性　(D)腐蚀性

12. 关于 600 hp 螺杆空压机的耗水量说法不正确的是(　　)。

(A)19 t/h　(B)29 t/h　(C)39 t/h　(D)40 t/h

13. 下列说法中不会导致排气量降低的有(　　)。

(A)滤尘器中的滤芯损坏　(B)滤清器太脏发生堵塞

(C)冷却水进水温度过低　(D)冷却水进水温度过高

14. 下列部件属于排气系统中的是(　　)。

(A)油气分离器　(B)止逆阀　(C)空气滤清器　(D)最小压力阀

15. 疏水阀的作用不包括(　　)。

(A)控制冷却水进水量　(B)控制冷却水出水量

(C)分离压缩空气中冷凝水　(D)控制冷却器油进出量

16. 下列不属于储气罐应装设的是(　　)。

(A)安全阀、压力表、人孔、排水阀　(B)安全阀、温度表、人孔、排水阀

(C)排水阀、温度表、压力表、人孔　(D)安全阀、温度表、人孔、压力表

17. 安全阀的作用不包括(　　)。

(A)运动装置 (B)保护装置 (C)密封装置 (D)止逆

18. 螺杆空压机的分类按方式的不同，分为(　　)。

(A)无油压缩机 (B)有油压缩机 (C)离心式压缩机 (D)喷油式压缩机

19. 螺杆空压机可按(　　)形式进行分类。

(A)运行方式 (B)气体种类和用途 (C)结构 (D)成本

20. 螺杆空压机的分类按被压缩气体种类和用途的不同，分为(　　)三种。

(A)空气压缩机 (B)制冷压缩机 (C)工艺压缩机 (D)喷油压缩机

21. 螺杆空压机的分类按结构形式的不同，分为(　　)。

(A)移动式 (B)固定式 (C)开启式 (D)封闭式

22. 螺杆空压机正常运行时，技术参数 T_1 的正常范围在(　　)之间。

(A)95 ℃ (B)103 ℃ (C)90 ℃ (D)113 ℃

23. 下面是压缩机功率消耗过高的原因的有(　　)。

(A)气阀阻力过大 (B)排气管道和冷却器阻力过大

(C)气阀阻力过小 (D)排气管道和冷却器阻力过小

24. 下列是空压机的主要附属设备的有(　　)。

(A)空气滤清器 (B)冷却器 (C)循环水 (D)最小压力阀

25. 下列螺杆空压机是容积式压缩机的有(　　)。

(A)TS (B)LS (C)轴流式 (D)封闭式

26. 空气压缩机按工作原理分为(　　)压缩机两大类。

(A)速度式 (B)容积式 (C)轴流式 (D) 封闭式

27. 最常用的电器开关有(　　)。

(A)电磁仪表 (B)电磁开关 (C)闸刀开关 (D)空气自动开关

28. 空压机的润滑油起(　　)的作用。

(A)冷却 (B)润滑 (C)密封 (D)止逆

29. 空压机的进气控制器由(　　)组成。

(A)蝶阀 (B)进气控制阀 (C)气缸调节机构 (D)止逆阀

30. 油气分离器由(　　)组成。

(A)滤芯 (B)罐体 (C)安全阀 (D)罐顶

31. 空压机所用轴承有(　　)。

(A)滚动轴承 (B)滑动轴承 (C)传动轴承 (D)双轴承

32. 空压机各轴承温度应在(　　)以内。

(A)55 ℃ (B)56 ℃ (C)75 ℃ (D)79 ℃

33. 关于公司空压站的循环水泵在冬季以防冻坏管道影响生产，每天连续运转的时间数值不应为(　　)h。

(A)8 (B)16 (C)24 (D)12

34. 水泵不上水的原因不可能是(　　)有空气。

(A)进水管道 (B)出水管道 (C)空压机冷却器中 (D)冷却器中

35. 螺杆空压机吸气系统主要由(　　)组成。

(A)空气滤清器 (B)进气控制阀 (C)蝶阀 (D)截止阀

36. 螺杆空压机进气控制阀由(　　)组成。

(A)蝶阀　(B)截止阀　(C)最小压力阀　(D)气缸调节机构

37. 关于蝶阀的作用,说法错误的是(　　)。

(A)可以增大进气量　(B)可以减少进气量

(C)可以随意控制进气量　(D)可以随意调节进气量

38. 螺杆空压机排气系统主要由主机、(　　)、后冷却器、疏水阀和连接管路组成。

(A)管路控制过滤器　(B)油过滤器　(C)油分离器　(D)最小压力阀

39. 螺杆空压机油管路系统主要由主机、油气分离器、(　　)、油冷却器及连接管路组成。

(A)止逆阀　(B)蝶阀　(C)热力阀　(D)油过滤器

40. 螺杆空压机润滑油的作用是(　　)。

(A)冷却　(B)润滑　(C)密封　(D)过滤

41. 螺杆空压机水管路系统主要由(　　)和相应的管路组成。

(A)主机　(B)油分离器　(C)油冷却器　(D)后冷却器

42. 螺杆空压机气量调节系统主要由(　　)、调节机构和部分管路组成。

(A)最小压力阀　(B)螺旋阀　(C)放空阀　(D)蝶阀

43. 压力容器内介质危险特性主要表现在介质的(　　)。

(A)燃烧性　(B)爆炸性　(C)毒性　(D)腐蚀性

44. 当用气量(　　)螺杆空压机组的额定排气量时,机组将在满负荷状态下运行。此时,控制进气量的蝶阀保持最大开度,螺旋阀的指针将指向最大位置。

(A)等于　(B)大于　(C)小于　(D)减小

45. 为了方便检修空压机,下列不是螺杆空压机排出管路上必须安装的是(　　)。

(A)止逆阀　(B)截止阀　(C)安全阀　(D)放空阀

46. 螺杆空压机空气滤清器滤芯除尘的方法不正确的是:用压缩空气(　　)吹,吹口离滤芯表面 10 mm 左右,自上而下沿圆周进行。

(A)自内向外　(B)从外向内　(C)从下往上　(D)从上往下

47. 螺杆空压机电机反转,润滑油不会从(　　)喷出。

(A)油分离器　(B)进气口　(C)油过滤器　(D)排气口

48. 当用气量小于螺杆空压机组的额定排气量时,气量调节系统自动控制蝶阀的开度,当停止用气时,蝶阀将自动关闭,此时,机组将处于空载状态,关于螺旋阀的指针的指向下列说法不正确的是(　　)。

(A)指针指向最小位置　(B)指针指向中间位置

(C)指针指向最大位置　(D)指针指向任意位置

49. 为保证螺杆空压机正常工作,压缩机离墙最短距离不应是(　　)m。

(A)1　(B)1.2　(C)1.5　(D)2

50. 下列关于螺杆空压机螺旋阀的调节气量范围不正确的是(　　)。

(A)从 100%调节到 30%　(B)从 100%调节到 50%

(C)从 100%调节到 80%　(D)从 100%调节到 90%

51. 螺杆空压机机组长期不用时,不一定必须放掉(　　)中的积水。

(A)油分离器　(B)冷却器　(C)疏水器　(D)油过滤器

52. 为保证螺杆空压机正常工作，关于压缩机顶盖与天花板的最短距离不正确的是(　　)m。

(A)1.5　　(B)1.6　　(C)1.7　　(D)2

53. 压力容器的事故原因可分为(　　)原因。

(A)直接原因　　(B)间接原因　　(C)主要原因　　(D)次要原因

54. 压力容器的压力源于外部时，这类容器内可达到的压力一般取决与(　　)。

(A)压力源出口压力　(B)减压后压力　　(C)用气量　　(D)管径

55. 容器内的气体压力可以源于容器外部，如(　　)。

(A)液化气体泵　　(B)各类气体压缩机　(C)各类锅炉　　(D)管道

56. 压力容器使用中，生产性毒物常以(　　)形式存在。

(A)气体　　(B)粉尘　　(C)烟雾　　(D)蒸汽

57. 节能对(　　)促进我国经济全面、协调、可持续发展具有十分重要的意义。

(A)提高能源利用率　　(B)保护和改善环境

(C)提高企业效率　　(D)降低企业成本

58. 压力容器事故调查中，要本着(　　)的原则。

(A)实事求是　　(B)客观公正　　(C)尊重科学　　(D)尽快解决

59. 对责任者的处罚包括(　　)。

(A)行政处分　　(B)行政处罚　　(C)刑事责任　　(D)劝告

60. 压力容器介质中的杂质如(　　)会对容器金属产生腐蚀。

(A)水分　　(B)氯离子　　(C)氢离子　　(D)硫化氢

61. 压力容器在运行过程中如遇到下列异常情况时，应采取紧急停运措施的是(　　)。

(A)工作压力、介质温、壁温超过规定值及液面异常采取措施仍不能控制的

(B)过量充装

(C)声音异常，采取措施不能控制的

(D)其他异常情况

62. 压力容器运行中，操作人员应检查(　　)等是否失灵。

(A)安全附件　　(B)减压装置　　(C)连锁装置　　(D)阀门

63. 下列试验属于耐压试验的是(　　)。

(A)水压试验　　(B)气压试验　　(C)耐腐蚀试验　　(D)阀门灵敏度

64. 按试验介质不同，压力容器泄露试验包括(　　)。

(A)气密性试验　　(B)氨检漏试验　　(C)卤素检漏试验　　(D)氦检漏试验

65. 压力容器在运行中发生故障可采用(　　)等方法进行故障原因判断。

(A)闻味　　(B)听声音

(C)摸温度　　(D)看安全附件、仪表、容器本体

66. 压力容器的泄露事故造成的危害程度应根据(　　)而定。

(A)容器内介质特性　(B)泄漏数量　　(C)环境条件　　(D)人为因素

67. 一般来说，如果压力容器发生泄漏，(　　)造成的危害越大。

(A)介质危害程度越大　　(B)泄漏数量越多

(C)介质扩散越大　　(D)人越多

68. 压力容器停止运行包括(　　)。
(A)正常停止运行　　(B)紧急停止运行
(C)自动停止运行　　(D)手动停止运行
69. 遇到下列情况时,压力容器需正常停止运行的是(　　)。
(A)定期检验、维修　　(B)原料供应不及时
(C)内部物料需定期处理更新　　(D)定期改造
70. 压力容器正常停运时,操作程序一般为(　　)。
(A)停止向容器内输入气体或其他物料
(B)安全泄放容器内气体或其他物料
(C)将容器内压力排至大气压力
(D)更新物料
71. 下列压力容器应进行耐压试验的有(　　)。
(A)需要换衬里的压力容器　　(B)停用两年后需复用的压力容器
(C)移装的压力容器　　(D)破裂的压力容器
72. 压力容器主要的控制参数有(　　)。
(A)压力　　(B)温度　　(C)高度　　(D)厚度
73. 压力容器在使用过程中,常产生的缺陷主要有(　　)。
(A)裂纹　　(B)鼓包　　(C)腐蚀　　(D)材料劣化
74. 裂纹按其产生过程大致可分为(　　)。
(A)原材料产生　　(B)使用中产生　　(C)制造中产生　　(D)使用中扩展
75. 裂纹一般最容易产生的位置有(　　)。
(A)焊缝　　(B)焊缝热影响区　　(C)局部应力过高处　(D)罐体
76. 应列入压力容器事故的有(　　)。
(A)火灾引发的压力容器爆炸、泄漏事故
(B)非压力容器因使用参数达到《条例》规定范围而引发的事故
(C)罐体出现裂纹
(D)罐体鼓包
77. 压力容器在进行气压试验中,如发现下列情况应为不合格的有(　　)。
(A)有异常响声　　(B)用皂液检查有漏气
(C)罐体出现裂纹　　(D)罐体鼓包
78. 用于压力容器气压试验的介质为(　　)。
(A)空气　　(B)氮气　　(C)二氧化碳　　(D)其他惰性气体
79. 发生事故的单位应坚持四不放过,即(　　)不放过。
(A)事故原因分析不清　　(B)责任人未收到处理
(C)责任人和群众为收到教育　　(D)无防范意识
80. 压力容器日常维护保养包括(　　)。
(A)保持完好的防腐层　　(B)防止跑、冒、滴、漏
(C)消除产生腐蚀的因素　　(D)做好停运设备保养
81. 压力容器的投料控制主要是指(　　)等控制。

(A)投料量 (B)物料配比 (C)投料顺序 (D) 投料速度

82. 压力容器投入运行前,应对( )等进行检查。

(A)容器本体 (B)附属设备设施 (C)安全装置 (D)水、电、气

83. 压力容器韧性破坏的主要原因是( )。

(A)超压 (B)过量充装 (C)人为 (D)气候

84. 压力容器韧性破坏按破坏机理大致可分为( )三个阶段。

(A)弹性变形 (B)弹塑性变形 (C)断裂 (D)气候

85. 压力容器发生爆炸时往往会造成( )。

(A)冲击波 (B)碎片 (C)介质毒性 (D)二次爆炸

86. 压力容器安全管理的意义主要有:( )。

(A)确保设备安全运行,减少或防止发生事故,保障财产生命安全

(B)延长设备使用寿命

(C)提高企业经济效益

(D)降低不必要成本

87. 压力容器运行中的工艺条件检查主要有( )。

(A)工作压力检查 (B)工作温度检查

(C)液位检查 (D)介质毒性检查

88. 压力容器操作人员在操作压力容器时,应做到( )。

(A)平稳操作 (B)严禁超压超温 (C)严禁过量充装 (D)严禁超温

89. 压力容器的腐蚀速度与( )有关。

(A)腐蚀介质 (B)压力 (C)温度 (D)投料

90. 压力容器的疲劳断裂存在的三个阶段有( )。

(A)疲劳裂纹 (B)裂纹扩展 (C)停止断裂 (D)裂纹最终断裂

91. 对安全状况为4级的固定式压力容器,监控期满应( )。

(A)对缺陷进行处理 (B)提高安全状况等级

(C)进行合规使用评价 (D)超过监控期未进行处理的将禁止使用

92. 压力容器操作人员必须具备( )。

(A)安全知识 (B)节能知识

(C)识别危险能力 (D)处理一般问题能力

93. 压力容器压力试验包括( )。

(A)气压试验 (B)液压试验 (C)气液组合试验 (D)耐腐蚀性试验

94. 压力容器( )时均应办理变更手续。

(A)安全状况变化 (B)长期停用 (C)移装过户 (D)超过检验期

95. 对( )的压力容器应办理判废手续。

(A)存在严重事故隐患 (B)无改造价值

(C)无维修价值 (D)办理变更手续

96. 压力容器操作人员在操作压力容器时,应做到( )。

(A)平稳操作 (B)严禁超压 (C)严禁超温 (D)严禁过量充装

97. 压力容器的疲劳破坏的原因有( )。

(A)压力容器频繁的振动 (B)压力频繁的波动和频繁升降
(C)开车速度过快 (D)停车速度过快

98. 腐蚀会使压力容器( )因而发生破坏。
(A)器壁减薄 (B)机械性能下降 (C)承受能力降低 (D)容器变软

99. 按金属腐蚀反应机理,金属腐蚀可分为( )。
(A)化学腐蚀 (B)电化学腐蚀 (C)超温腐蚀 (D)高压腐蚀

100. 压力容器变更登记包括( )。
(A)安全状况变更 (B)长期停用变更 (C)过户变更 (D)移装变更

101. 如果控制住压力容器( ),压力容器的事故也就基本上能得到有效的控制。
(A)爆炸事故 (B)易燃介质泄漏事故
(C)有毒介质泄漏事故 (D)操作不当引发的事故

102. 压力容器爆炸事故按爆炸性质分为( )。
(A)物理爆炸 (B)化学爆炸 (C)介质爆炸 (D)有机物爆炸

103. 下列情况属于压力容器重大维修的有( )。
(A)更换主要受压元件 (B)挖补筒体(节)与封头的纵、环缝
(C)挖补封头拼缝 (D)对采用全焊透对接接头的补焊

104. 固定式压力容器的年检方法有( )。
(A)宏观检查为主 (B)必要时测厚、壁温
(C)有毒介质含量测定 (D)真空度测试

105. 压力容器液压试验合格标准为( )。
(A)无渗漏 (B)无可见变形
(C)试验过程中无异常响声 (D)无泄露

106. 压力容器作业人员因( )等情形造成伤害的不属压力容器事故。
(A)劳动保护措施缺失 (B)保护不当而发生坠落
(C)自然灾害 (D)人为因素

107. 下列情况属于压力容器改造的有( )。
(A)改变主要受压元件结构 (B)改变运行参数
(C)改变盛装介质 (D)改变用途

108. 压力容器在停车过程中,应严格控制( )。
(A)降压速度 (B)降温速度 (C)作业人数 (D)作业时间

109. 当压力容器的( )超过规定值时,操作人员应该立即采取措施,如仍不能有效控制要及时报告并紧急停车。
(A)工作压力 (B)介质温度 (C)壁温 (D)作业时间

110. 泄漏事故是指压力容器主体或部件因( )等因素造成的内部介质非正常外泄的现象。
(A)变形 (B)损伤
(C)断裂失效 (D)安全附件、安全保护装置损坏

111. 后天性缺陷是指压力容器在( )中产生的缺陷。
(A)使用 (B)维修 (C)改造 (D)制造

112. 压力容器事故中，对下列未构成违法行为的，由质监部门处以 4 000～20 000 元处罚(　　)。

(A)伪造或故意破坏事故现场的　　(B)拒绝接受调查的

(C)拒绝提供有关材料和情况的　　(D)阻挠或干涉事故调查的

113. 压力容器运行时，操作人员应对设备状态检查，检查内容包括(　　)。

(A)连接部位有无异常振动　　(B)有无磨损

(C)有无泄漏　　(D)有无鼓包

114. 压力容器运行中，设备操作者应对设备的(　　)进行检查。

(A)保温层　　(B)支座、支撑、紧固件

(C)基础有无下沉、倾斜　　(D)阀门开闭情况

115. 判断、处理压力容器事故要(　　)。

(A)稳　　(B)准　　(C)快　　(D)狠

116. 压力容器的蠕变破坏主要原因是(　　)。

(A)器壁局部产生高温　　(B)拉力长期作用

(C)应力长期作用　　(D)腐蚀

117. 作业时，要注意穿戴好劳保用品，劳保用品包括(　　)等。

(A)保护眼睛、脸部、呼吸的装置　　(B)防护衣、手套

(C)电工防护设备　　(D)隔音设备

118. 空压机防火、防爆措施包括(　　)。

(A)及时清理溢出或附着的润滑油等易燃物质

(B)空压机的位置应远离火源和高温

(C)及时清理现场杂物

(D)注意电器线路

119. 压力容器事故按照市区密封介质的能力分为(　　)。

(A)爆炸事故　　(B)泄漏事故　　(C)火灾事故　　(D)腐蚀事故

120.《固定容规》规定，快开门式压力容器应当具有的安全联锁功能有(　　)。

(A)当快开门达到规定关闭部位，方能升压运行

(B)当压力容器的内部压力完全释放，方能打开快开门

(C)电工防护功能

(D)隔音功能

121.《条例》规定，特种设备使用单位应当对特种设备的(　　)进行定期检验、检修，并作出记录。

(A)安全附件　　(B)安全保护装置

(C)测量调控装置　　(D)有关附属仪器仪表

122.《条例》规定，特种设备作业人员在作业中应当严格执行特种设备的(　　)。

(A)操作规程　　(B)有关安全规章制度

(C)说明　　(D)管理人员指挥

123. 按照《固定容规》规定，压力容器的压力等级可划分为(　　)。

(A)低压　　(B)中压　　(C)高压　　(D)超高压

124.《固定容规》规定,压力容器的年度检查应至少包括(　　)检查等。

(A)压力容器安全管理情况　　(B)压力容器本体及运行状况

(C)压力容器安全附件　　(D)压力容器的压力

125.《固定容规》规定,下列部件是压力容器的主要受压元件的有(　　)。

(A)膨胀节　　(B)M36 以上(含 M36)的设备主螺栓

(C)公称直径≥250 mm 接管　　(D)公称直径≥250 mm 接管

126. 下列属于压力容器的安全附件的有(　　)。

(A)紧急切断装置　(B)安全联锁装置　(C)安全附件　(D)罐体

127. 超压泄放装置按照结构及泄压原理一般分为(　　)。

(A)阀型超压泄放装置　　(B)破裂型超压泄放装置

(C)熔化型超压泄放装置　　(D)爆炸型超压泄放装置

128. 减压阀的作用有(　　)。

(A)将较高气压自动降到所需气压　　(B)当高压侧气压波动时起自动调节

(C)保持低压侧压力稳定　　(D)保证气压平衡

129. 电磁阀是一个电动阀门,它的作用是(　　)。

(A)控制阀门开启　(B)控制介质通过　(C)控制介质断开　(D)控制阀门关闭

130. 按照压力容器金属器壁设计温度的高低,压力容器可分为(　　)。

(A)低温容器　(B)常温容器　(C)高温容器　(D)超高温容器

131. 按生产工艺过程中的作用原理,压力容器可划分为(　　)。

(A)反应压力容器　　(B)换热压力容器

(C)分离压力容器　　(D)储存压力容器

132. 空气是一种(　　)。

(A)混合物　(B)气体　(C)物质　(D)灰尘

133. 下列部件属于弹簧式安全阀的有(　　)。

(A)阀座　(B)阀芯　(C)加压装置　(D)弹簧

134. 爆破片装置选用应当考虑设备的(　　)要求等因素。

(A)工作压力　(B)温度　(C)介质　(D)泄放

135. 为保证安全运行,压力容器的安全性能应满足(　　)等要求。

(A)强度　(B)刚度　(C)稳定性　(D)耐久性

136. 空气主要由(　　)等组成。

(A)氧　(B)氮　(C)氩　(D)杂质

137. 接触式测温仪表可分为(　　)。

(A)膨胀式　(B)压力式　(C)热电阻式　(D)热电偶式

138. 紧急切断阀按其切断方式分为(　　)。

(A)油压式　(B)气压式　(C)电动式　(D)手动式

139. 常用的分离方法有(　　)。

(A)沉降分离　(B)过滤分离　(C)离心分离　(D)自动分离

140. 下列用于介质分离的设备有(　　)。

(A)各种分离器　(B)过滤器　(C)分汽缸　(D)除氧器

141. 去湿的常用方法有(　　)。
(A)机械去湿　(B)化学去湿　(C)热能去湿　(D)干燥机去湿
142. 按容器结构形状不同,常见压力容器有(　　)。
(A)球形容器　(B)圆筒形容器　(C)蝶形容器　(D)箱型容器
143. 空气的组分中含有(　　)等碳氢化合物。
(A)二氧化碳　(B)水分　(C)灰尘　(D)乙炔
144. 化学反应常见的有氧化与还原、(　　)反应等。
(A)电解　(B)聚合　(C)催化　(D)裂化
145. 化学反应常见的有电解、(　　)反应等。
(A)氯化　(B)硝化　(C)催化　(D)裂化
146. 蒸发常用的设备有(　　)。
(A)蒸发器　(B)硝化器　(C)夹套结构容器　(D)裂化容器
147. 安全阀有(　　)情况之一时,应停止使用并更换。
(A)阀瓣和阀座密封面损坏无法修复　(B)无法修复
(C)弹簧腐蚀已无法使用　(D)选型不当
148. 爆破片装置不适用的情况有(　　)。
(A)经常超压
(B)温度波动过大
(C)反拱形爆破片装置不适用高黏度
(D)反拱形爆破片装置拱面会大面积结晶介质
149. 爆破片的更换周期应根据(　　)合理确定。
(A)设备使用条件
(B)介质性质等具体影响因素
(C)设计预期使用年限
(D)反拱形爆破片装置是否拱面会大面积结晶介质
150. 爆破片装置有(　　)情况时,应当立即更换。
(A)安装方向错误　(B)爆破片有伤痕、腐蚀缺陷
(C)泄漏　(D)爆破片有明显变形等缺陷
151. 空气在(　　)时,性质近似于理想气体的性质。
(A)压力不太高　(B)温度不太低　(C)高压　(D)密封
152. 属于直接载荷式安全阀的有(　　)。
(A)弹簧式　(B)杠杆式　(C)反复式　(D)密封式
153. 按压力容器在生产过程中的作用原理,压力容器可分为(　　)。
(A)反应容器　(B)换热容器　(C)分离容器　(D)储存容器
154. 下列部件属于压力容器的主要受压元件的有(　　)。
(A)筒体　(B)封头　(C)换热板　(D)换热管
155. 下列属于压力容器主要受压元件的有(　　)。
(A)膨胀节　(B)球壳板
(C)公称直径大于 250 mm 的接管　(D)公称直径大于 250 mm 的法兰

156. 压力容器的使用特征主要表现在(　　)。
(A)生产工艺要求高　(B)使用条件比较恶劣
(C)承载多种载荷　(D)操作要求高
157. 储存压力容器是指主要用于储存和承装(　　)的压力容器。
(A)气体　(B)液体　(C)液化气体　(D)固体
158. 固定式压力容器安全附件按其功能,大致可分为(　　)。
(A)显示和显示控制类　(B)超压泄放类
(C)紧急切断类　(D)安全联锁类
159. 支座用于支承容器重量,根据支座结构一般分为(　　)支座。
(A)鞍式　(B)腿式　(C)耳式　(D)支承式
160. 下列属于单弹簧管压力表的部件有(　　)。
(A)弹簧弯管　(B)中心轴　(C)扇形齿轮　(D)连杆
161. 压缩机功率消耗过高的原因有(　　)。
(A)气阀阻力过大　(B)排气管道阻力过大
(C)气阀阻力过小　(D)冷却器阻力过大
162. 室外储气罐及附属阀门在冬季相对不容易发生(　　)现象。
(A)冰冻　(B)跑水　(C)漏风　(D)温度过高
163. 螺杆空压机循环水池水位应保持在(　　)。
(A)1/3 水位以上　(B)1/2 水位以上
(C)2/3 水位以上　(D)溢流状态
164. 空压机产生的噪声主要有三个部分(　　)。
(A)空气　(B)管道系统　(C)空压机表面　(D)吸气口
165. 螺杆空压机吸气系统主要由(　　)组成。
(A)空气滤清器　(B)管路控制过滤器　(C)蝶阀　(D)进气控制阀

四、判断题

1. 冷冻式干燥机是通过降低压缩空气温度,析出水分,从而达到干燥的目的。(　　)
2. 规定压力为 0.1 MPa、温度为 20 ℃、相对湿度为 36%状态下的空气为常态空气。(　　)
3. 螺杆空压机没有不平衡惯性力,可实现无基础运转。(　　)
4. 机组满负荷运行时,蝶阀处于全开状态。(　　)
5. 润滑油在主机工作腔内还能起到密封作用。(　　)
6. 国际单位制中压力的单位是 Pa。(　　)
7. 螺杆空压机必须用水冷却才能正常运行。(　　)
8. 螺杆空压机必须用空气冷却才能运行。(　　)
9. 螺杆空压机停车时出气管上放空阀应打开。(　　)
10. 螺杆空压机停车时如按停车按钮不能实现停车,可以通过拉掉高压断路器来实现停车。(　　)
11. 常见的压力表精度有 0.5、1、1.5、2.5 级表。(　　)

12. 压力表的种类有液柱式、弹簧式、活塞式、电气式。(   )

13. 吸气温度增高对螺杆空压机生产能力没有影响。(   )

14. 列管式冷却器主要有筒体、封盖、芯子。(   )

15. 滤清器过滤后空气其含尘量应小于 1 mg/m。(   )

16. 压缩风管道采用法兰连接时,法兰应与管道中心线垂直。(   )

17. 启动水泵前出口阀应严密关闭,泵必须充满水,排尽泵内空气。(   )

18. 在冷却水间歇中断的情况下螺杆空压机允许继续运行。(   )

19. 螺杆空压机一经停车,即可进行修理。(   )

20. 螺杆空压机排出的气体压力越高越好。(   )

21. 当螺杆空压机发生异常情况时,可先停车,后汇报。(   )

22. 空气是否干净、对螺杆空压机无影响。(   )

23. 节约使用压缩风就是节约能源。(   )

24. 安全阀主要用途是降低工作压力的。(   )

25. 压缩机就是空压机。(   )

26. 螺杆空压机压缩空气的过程包括吸入、压缩和压出三个过程。(   )

27. 螺杆空压机所需要的压缩功,取决于空气状态的改变过程。(   )

28. 冷却器管子中有个别的破裂,经处理后,可继续使用。(   )

29. 海拔高度不同,螺杆空压机效率也不同。(   )

30. 润滑系统发生故障应立即停车。(   )

31. 将金属或者合金在固态范围内,通过加热、保温、冷却,使金属或者合金改变其内部组织,而得到所需要性能的操作工艺叫做热处理。(   )

32. 将钢缓慢加热到临界点以上 30～50 ℃,并保温一般时间。然后缓慢冷却到一定温度出炉,再在空气中冷却,这种热处理工艺称为退火。(   )

33. 退火的目的是消除内应力消除铸件的组织不均匀以及晶体粗大等现象,此外消除冷轧坯的冷硬现象和内应力,降低硬度,作为切削前的予处理工序。(   )

34. 将钢加热到临界温度以上,保温一段时间,然后用空气冷却,冷却速度比退火快,这种热处理操作称作正火。(   )

35. TS、LS 系列螺杆空压机是容积式压缩机。(   )

36. 活塞式空压机比螺杆空压机的一个优点是压缩风含油量少。(   )

37. 活塞式空压机比螺杆空压机的一个优点是压缩风含水量少。(   )

38. 活塞式空压机比螺杆空压机的一个缺点是积碳多容易燃烧、爆炸。(   )

39. 活塞式空压机的安全性比螺杆空压机的安全性能较差。(   )

40. 活塞式空压机的排风温度远远低于螺杆空压机。(   )

41. 由于螺杆空压机生产的风中含油量相对较少,所以对碳钢管道腐蚀相对较大。(   )

42. 由于螺杆空压机生产的风中含油量相对较少,所以对碳钢阀门腐蚀相对较大。(   )

43. 室外管路及附属阀门在冬季很容易发生冰冻现象。(   )

44. 螺杆空压机运行值班人员每天检查循环水池最少 2 次。(   )

45. 空压机要求每 60 min 巡回检查一次。(　　)

46. 空压机循环水池水位应保持在 1/2 以上。(　　)

47. 螺杆空压机的循环水泵在冬季必须每天 24 h 连续运转,以防冻坏水管道影响压缩风生产。(　　)

48. 冷却塔的塔体材质是玻璃钢。(　　)

49. 冷却塔的冷却能力为 120 t/h。(　　)

50. 玻璃钢冷却塔冷却方式是传导。(　　)

51. 公司空压站玻璃钢冷却塔冷却原理是热水从上经过耐腐填料向下流,冷却风从下往上抽,将水中热量带走。(　　)

52. 水泵不上水的原因可能是空压机冷却器中有空气。(　　)

53. 电机反转是水泵不上水的一个原因。(　　)

54. 主机中啮合的转子到与排气口相通时,油气混合空气便从排气口排出。(　　)

55. 主要由管路控制过滤器和进气控制阀组成吸气系统。(　　)

56. 空气滤清器的作用是滤掉空气中的杂质,保证洁净的空气进入压缩机。(　　)

57. 螺杆空压机的最小压力阀和气缸调节机构组成进气控制阀。(　　)

58. 蝶阀的作用是控制螺杆空压机的进气量。(　　)

59. 当螺杆空压机满负荷工作时,蝶阀处于半开状态。(　　)

60. 当停止用气时,蝶阀关闭,停止进气,压缩机处于空载状态。(　　)

61. 螺杆空压机排气系统主要由主机、油过滤器,最小压力阀、后冷却器、疏水阀和连接管路组成。(　　)

62. 质量的标准单位是千克。(　　)

63. 最小压力阀的设定压力是 0.35 MPa,目的是保证在刚启动时主机内部润滑系统的正常工作。(　　)

64. 螺杆空压机润滑油采用的计量单位是加仑(gal),1 gal=4.546 L。(　　)

65. 螺杆空压机排气系统中止逆阀的作用是当压缩机卸载或停机时,阻止管网中的气体倒流。(　　)

66. 螺杆空压机设有高压停机开关,当油气分离器中的压力达到额定压力时,就会自动停机。(　　)

67. 螺杆空压机在正常运行情况下,安全阀是不会打开的。(　　)

68. 油气分离器的工作原理是由于离心力的作用,一般情况下油气混合物经过初级滤芯和二级滤芯把压缩空气和油分离出来,油积聚在油分离器滤芯的底部。(　　)

69. 螺杆空压机油分离器底部的润滑油通过两根回油管,回到主机进气口,吸入工作腔。(　　)

70. 螺杆空压机油管路系统主要由主机、油气分离器、止逆阀、油过滤器、油冷却器及连接管路组成。(　　)

71. 油气分离器中的润滑油经过热力阀进入油冷却器,再经过油过滤器回到主机工作腔。(　　)

72. 螺杆空压机润滑油的作用之一是冷却,喷入机体内的润滑油能吸收大量的空气在压缩过程中产生的热量,从而起到冷却的作用。(　　)

73. 螺杆空压机润滑油的作用之二是润滑，润滑油在两转子之间形成一层油膜，避免阴阳转子直接接触，从而避免转子型面的磨损。(　　)

74. 螺杆空压机润滑油的作用之三是密封，润滑油可以填补转子与转子之间，转子与机壳之间的间隙，减少机体内部的泄漏损失，提高压缩机容积率。(　　)

75. 螺杆空压机回油管上设有观察孔，供操作人员巡回检查时观察回油情况。(　　)

76. 螺杆空压机正常运行时，回油管中回油量断流或流量很少，应停机卸压后清洗回油过滤器。(　　)

77. 空压机水管路系统主要由油冷却器、后冷却器和相应的管路组成。(　　)

78. 螺杆空压机进水管应先接通后冷却器，即先冷却压缩风，后冷却润滑油。(　　)

79. 为了使冷却器长期保持良好的换热效果，延长设备使用寿命，必须使用洁净的冷却水。(　　)

80. 450 hp 螺杆空压机一般情况下耗水量为 20 t/h。(　　)

81. 螺杆空压机进水压力不应小于 0.3 MPa。(　　)

82. 螺杆空压机进水压力应小于 0.6 MPa。(　　)

83. 公司使用的螺杆空压机 60 m^3/min 的电机功率是 450 hp。(　　)

84. 公司使用的螺杆空压机 80 m^3/min 的电机功率是 600 hp。(　　)

85. 在螺杆空压机机组中，电机是最重要的部件。(　　)

86. 空气滤清器的作用是滤掉空气中的二氧化碳，保证清洁的空气进入压缩机。(　　)

87. 螺杆压缩机停机后，操作人员应打开手动排水阀，将积水放掉，以免疏水阀内部锈蚀。(　　)

88. 螺杆空压机机组长期不用，也应放掉冷却器中的积水。(　　)

89. 螺杆空压机气量调节系统的功能是根据客户用气量的大小，自动调节压缩机的进气量，以便达到供需平衡，节省能源。(　　)

90. 螺杆空压机气量调节系统主要由蝶阀、螺旋阀、调节机构和部分管路组成。(　　)

91. 当用气量等于或大于螺杆空压机组的额定排气量时，机组将在满负荷状态下运行。此时，控制进气量的蝶阀保持最大开度，螺旋阀的指针将指向最小位置。(　　)

92. 当用气量小于螺杆空压机组的额定排气量时，气量调节系统自动控制蝶阀的开度，当客户停止用气时，蝶阀将自动关闭，此时，机组将处于空载状态，螺旋阀的指针将指向最大位置。(　　)

93. 螺杆空压机螺旋阀的调节气量范围是从 100%调节到 50%。(　　)

94. 为保证螺杆空压机正常工作，压缩机离墙至少 1.5 m。(　　)

95. 为保证螺杆空压机正常工作，压缩机顶盖与天花板的距离至少 1.5 m。(　　)

96. 螺杆空压机排出管路上必须安装一个安全阀，目的是方便检修空压机。(　　)

97. 螺杆空压机电机坚决不能反转，否则，润滑油会从进气口喷出。(　　)

98. 螺杆空压机两根回油管必须插到油分离器滤芯的底部，否则影响回油效果。(　　)

99. 螺杆空压机空气滤清器滤芯除尘的方法是用压缩空气自内向外吹，吹口离滤芯表面 10 mm 左右，自上而下沿圆周进行。(　　)

100. 转速在 500 转/分的压缩机是高转速压缩机。(　　)

101. 螺杆空压机属速度压缩的一种。(　　)

102. 压强单位 1 Pa=1 N/m^2。( )

103. 气压表所显示的是绝对压力。( )

104. 1 个物理大气压=1 MPa。( )

105. 在华氏温度计上,水的冰点为 32 ℉,沸点为 212 ℉。( )

106. 对于饱和的空气,任何加压或升温均会导致冷凝水的析出。( )

107. 海拔高度越高,绝对压力就越高。( )

108. 压缩机的压缩效率是压缩机理论功率与压缩给定量气体实际所需的功率之比。( )

109. 螺杆空压机的阳转子与原动机连接,由阳转子带动阴转子转动。( )

110. 转子上的球轴承使转子实现径向定位。( )

111. 螺杆压缩机属于喷油压缩机。( )

112. 在打开滤油器盖子之前,应停机并确保压缩机内部管路不带压。( )

113. 压缩机的大多数维护工作必须在停机状态,压缩机充分冷却之后才能进行。( )

114. 在机组内进行维修或清洁,应断开所有电源。( )

115. 螺杆空压机的电机无正反转要求。( )

116. 空滤器是用于过滤压缩后的气体中的杂质的。( )

117. 安全阀的设定压力比高压停机开关要高,当系统压力过高时,高压开关先动作。( )

118. 初级回油管视镜中能看到稳定的回油,而在次级回油管视镜中只能看到很少回油。( )

119. 油气分离器分离出的润滑油直接进入油冷却器进行冷却。( )

120. 在冬季,为防冷却器被冻裂,停机后应将冷却器中的积水放掉,机组长期不用,也应放掉积水。( )

121. 压缩机停机后,操作人员应打开手动排水阀,将积水放掉,以免疏水阀内部锈蚀。( )

122. 空滤器的好与坏只会影响压缩风的质量,不会影响润滑油的使用寿命。( )

123. 压缩机的进气量的调节是通过进气控制阀控制蝶阀的开启量来实现的。( )

124. 当油气分离器中的压力大于 0.35 MPa(50 Psi)时,止逆阀打开,机组向外供气。( )

125. 疏水阀的作用是过滤冷却水中的杂质的。( )

126. 油气分离器能起到初级分离器和储油罐的作用。( )

127. 外接水管路系统时,进水管接通后冷,即先冷却油,后冷却气。( )

128. 冷却水的温度应≤34 ℃ 。( )

129. 油气分离器前后压差 dp_1 的最大允许值是 0.07 MPa。( )

130. 压缩机排气温度 T_1 的最大允许值是 115 ℃。( )

131. 压缩机冷却水进水压力应大于或等于 0.2 MPa 且小于 0.5 MPa。( )

132. 压缩机的润滑油允许再生后重新使用。( )

133. 由于新空压机出厂前已进行调试,所以安装完无需调试,即可投入运行。( )

134. 当压缩机卸载或停机时,两只放空阀便自动打开,放气泄压。( )

135. 喷入机体内润滑油不能起到冷却作用。(　　)

136. 空压机排气压力越高越好。(　　)

137. 当设备发生异常情况时,可先停车,后汇报。(　　)

138. P_1 表示管线压力。(　　)

139. P_2 表示分离器内压力。(　　)

140. T_1 表示排气温度。(　　)

141. T_2 表示干测排气温度。(　　)

142. 如果监控器的“dp_1”闪烁,则表示必需要换油滤芯。(　　)

143. 如果监控器的“dp_2”闪烁,则表示必需要换油滤芯。(　　)

144. 如果监控器的“MOTOR”闪烁,则表示电机过载触电已经断开。(　　)

145. 如果监控器的“INLET FILTER”闪烁,则表示空滤器需要维护。(　　)

146. 两个温度不同的物体接触时热量总是从高温流向低温,最后温度趋于相等。(　　)

147. 螺杆压缩机的转速低。(　　)

148. 螺杆压缩机的噪声低。(　　)

149. 螺杆压缩机的主机结构复杂,易损零件多。(　　)

150. 螺杆转子型面呈扭曲的齿面,型线复杂,需要专门的设备制造。(　　)

151. 当用户所需气量减少或不需用气,管线压力上升,超过设定值 110 P_{sig}(7.6 bar),电脑板发出电信号,作用于电磁阀,控制罐压直接关闭进气阀,同时电磁阀传送气动信号至放空阀,放空阀动作将罐压减至 25～27 P_{sig}(1.7～1.9 bar)之间,管路中最小压力阀会防止压缩空气回流至罐中。(　　)

152. 当管线压力降至设定的最低压力加载压力时,通常设定如下:低压:“L” 100 P_{sig}(6.9 bar)。(　　)

153. 当管线压力降至设定的最低压力加载压力时,通常设定如下:高压:“H” 115 P_{sig}(7.9 bar)。(　　)

154. 当管线压力降至设定的最低压力加载压力时,通常设定如下:中高压:“HH” 140 P_{sig}(9.7 bar)。(　　)

155. 当管线压力降至设定的最低压力加载压力时,通常设定如下:超高压:“XH” 175 P_{sig}(12.0 bar)。(　　)

156. 在地面暴露处,请勿使用热塑性塑料管路输送压缩空气或其它压缩气体。(　　)

157. Sullube32 不能用于 PVC 塑料管路系统内。它可能影响胶合接头的粘合性能。某些其他塑料物质亦可能受影响。(　　)

158. 起动按钮:控制开机。(　　)

159. 停止按钮:控制停止。(　　)

160. 压缩机主机为螺杆压缩机。(　　)

161. 额定工作压力(Ⅳ)“L” 100 P_{sig}(6.9 bar)、“H” 115 P_{sig}(7.9 bar)、“HH” 140 P_{sig}(9.7 bar)、“XH” 175 P_{sig}(12.0 bar)。(　　)

162. 轴承型式是耐磨损型。(　　)

163. 最大环境温度是 105 ℉(41 ℃)。(　　)

164. 螺杆压缩机的冷却方式有风冷或水冷。(　　)

165. 螺杆压缩机的润滑油是 Sullube32/24KT 油。(　　)

166. 螺杆压缩机的油气分离罐容量是 3.5 gal(14.8 L)。(　　)

167. 螺杆压缩机的控制方式是电气动。(　　)

168. 为了减少维护工作,降低成本,LS—10 系列压缩机在出厂前均已测试和充入了长寿命润滑油。(　　)

169. 噪声被认为有损于听觉,其危害程度取决于噪声强度和所处的时间。(　　)

170. 更换润滑油时,要同时维护一些部件。(　　)

171. 在轻载潮湿的场所维护,水的冷凝和水的乳化经常发生,润滑油的更换间隔时间应减少 300 h。(　　)

172. 在轻载潮湿的场所维护,同时油质要求防锈、防氧化、防泡和良好的水分离特性。(　　)

173. 如果混用不清洁的矿物油,将导致主机的运转不良,运行中还会产生发泡,滤芯堵塞,节流孔或管路堵塞等。(　　)

174. 单位选择应选定英制单位或公制单位,UNITS 或 ENGLISH。(　　)

175. 机组编号 COM　ID#是机器的网络地址,若有两台以上机器联机使用时,每台机器都有唯一的编号。(　　)

176. 通讯速度(BAUD)——顺序控制,其他控制方式可以采用较低速率。

177. 顺序控制方式是设定用于顺序控制的方式。(　　)

178. 疏水间隔(min)DRN　INTV 为两次疏水之间疏水阀关闭的时间。(　　)

179. 疏水时间(s)DRN　TIME 为疏水阀疏水的时间。(　　)

180. 最低允许压力 LOWEST 仅在顺序控制时使用。(　　)

五、简 答 题

1. 金属的机械性能主要有几个方面?
2. 为什么说冷却效果越好,空气压缩机消耗的功越少?
3. 油水分离器的工作原理是什么?
4. 空压机起动前为什么要打开卸荷阀及放空阀?
5. 三相异步电动机由几个基本部分组成?
6. 储气罐有哪些附件?
7. 压力表的量程大小是如何确定的?
8. 什么叫金属的强度?
9. 螺纹有哪些基本要素?
10. 空压机运行的噪声源有几种?
11. 常用管道实验方法有哪些?
12. 为什么要正确使用设备?
13. 为什么要加强设备的维护保养?
14. 电路是由哪几部分组成?
15. 电源的作用是什么?
16. 负载的作用是什么?

17. 联结导线的作用是什么?
18. 控制设备的作用是什么?
19. 冷却水出口温度的降低对排气量有何影响?
20. 冷却水出口温度的升高对排气量有何影响?
21. 说明压力继电器是什么。
22. 压缩空气中的油和水进入储气罐及管网中会有什么危害?
23. 吸气温度对空压机生产能力有无影响?
24. 空压机常用电工仪表有哪几种?
25. 空压机常用电工仪表怎样使用?
26. 空压机常用电工仪表怎样维护?
27. 在压缩机内,温度是怎样产生的?
28. 空压机对冷却水的质量有什么要求?
29. 什么叫空压机?
30. 影响排气量因素主要有哪些?
31. 空压机正常运转时,产生的作用力主要有哪几种?
32. 压缩机是怎样分类的?
33. 离心水泵的基本参数有哪些?
34. 说明冷却水温偏高或偏低的原因。
35. 玻璃钢冷却塔工作中不低于5个机械复杂系数的冷却塔,维护保养注意事项是什么。
36. 玻璃钢冷却塔工作中随时对出现的泄漏现象进行处理,维护保养内容是什么。
37. 玻璃钢冷却塔工作中对临时出现的维护保养注意事项是什么。
38. 玻璃钢冷却塔工作中对塔内耐腐填料,维护保养注意事项是什么。
39. 气体压缩的基本目的是什么?
40. 压缩气体的办法有哪两种?
41. 空气滤清器应如何保养?
42. 紧急停机按钮的具体用途是什么?
43. T_1 表示的含义是什么?
44. P_1 表示的含义是什么?
45. P_2 表示的含义是什么?
46. P_3 表示的含义是什么?
47. 油过滤器压差开关的用途是什么?
48. 进气滤芯维修指示器的用途是什么?
49. 油位视镜的用途是什么?
50. 手动/自动按钮的含义是什么?
51. 计时器的含义是什么?
52. 管线压力表的含义是什么?
53. 油气分离罐压力表的作用是什么?
54. 温度表的作用是什么?
55. 空滤器维修指示器出现红色指示的含义是什么?

56. 油过滤器压差表指针指向红色区域的含义是什么?
57. 分离器压差表指针指向红色区域的含义是什么?
58. 电源灯(红色)的含义是什么?
59. 运行灯(绿色)的含义是什么?
60. 运行灯(琥珀色)的含义是什么?
61. 视油镜表示的作用是什么?
62. 回油管视镜的作用是什么?
63. 温控阀的作用是什么?
64. 最小压力阀的作用是什么?
65. 高温保护开关的停机温度是多少?
66. 水压开关(仅水冷机组)在什么情况下不会启动?
67. 安全阀表示的作用是什么?
68. 进气阀表示的作用是什么?
69. 压力调节器的作用是什么?
70. 电磁阀表示的作用是什么?

六、综 合 题

1. 表压显示为 0.7 MPa,求绝对压力是多少?
2. 如果进气绝对压力 P_1 为 0.1 MPa,排气绝对压力 P_2 为 0.8 MPa,求压缩比 R 是多少?
3. 体积单位换算,10 L 等于多少 gal(加仑)?
4. 压强单位换算,10 MPa 等于多少 bar(巴)? 50 Psi(磅力/平方英寸)等于多少 MPa?
5. 温度单位换算,86 ℉(华氏度)等于多少℃(摄氏度)?
6. 螺杆空压机运行 50 h 之后,需要做哪些维护工作?
7. 什么是等温压缩?
8. 油气分离器中的润滑油如何完成一个循环?
9. 使用 SULLUBE 32 号润滑油,在什么情况下需要更换?
10. 排气温度 T_1 过高,可能的原因有哪些?
11. 排气压力(罐压)P_1 过高,可能的原因有哪些?
12. 供气压力低于额定排气压力,可能的原因有哪些?
13. 管线压力高于卸载压力的设定值,可能的原因有哪些?
14. 油耗过量,可能的原因有哪些?
15. 螺杆空压机的分类有哪些?
16. 螺杆空压机正常运行时,各项技术参数(T_1、ΔP_1、$P_{排}$)的正常范围是多少?
17. 螺杆空压机每运行 1 000 h 后应如何维护?
18. 油过滤器应如何保养?
19. 简述螺杆空压机的压缩过程。
20. 螺杆空压机有哪些日常保养工作?
21. 简述进气控制阀的组成及工作过程。

22. 简述螺杆压缩机的手动操作方式。

23. 简述螺杆压缩机的自动运行方式。

24. 螺杆压缩机的断电故障如何进行再启动。

25. 玻璃钢冷却塔工作中循环水温度上升，冷却效果不好，进行原因分析及简述排除方法。

26. 玻璃钢冷却塔工作中风机异常噪声或震动大，进行原因分析及简述排除方法。

27. 简述玻璃钢冷却塔工作中的注意事项。

28. 简述玻璃钢冷却塔的主要技术规格及参数。

29. 简述冷冻式干燥机操作面板巡检内容。

30. 简述再生式干燥机操作面板巡检内容。

31. 简述压力调节开关的作用是什么。

32. 简述放空阀的作用是什么。

33. 简述水量调节阀(仅水冷机组)的作用是什么。

34. 简述螺杆空压机第一次起动以后各次起动注意事项。

35. 简述 P_{1Max} 表示的具体含义是什么。

压缩机工(中级工)答案

一、填 空 题

1. 25.4　2. 0.01　3. 1.0333　4. 273.16+t
5. $P_{绝}=P_{大气}+P_{表}$ 或 $P_{表}=P_{绝}-P_{大气}$　6. 停车后　7. 银焊
8. 干粉　9. 动能　10. 电流　11. 临界点
12. 装配　13. 沸点　14. 介质　15. 弹性
16. 零线　17. 过渡配合　18. 两　19. 2～3
20. 0.1　21. 10　22. 1.033　23. 容积
24. 转子　25. 空气滤清器　26. 冷却　27. 蝶阀
28. 全开　29. 0.35　30. 冷凝水　31. 压缩机
32. 滤芯　33. 主机进气口　34. 后冷　35. 32
36. 进气量　37. “○”　38. “|”　39. 自动键
40. PROG　41. 上行箭头　42. 下行箭头　43. 安全阀
44. 滑动轴承　45. 传导对流　46. 性能　47. 排气温度
48. 排气压力　49. 额定排气压力　50. 设定值　51. 容积压缩
52. 压力升高　53. 气体热量　54. 温度不变　55. 不凝结
56. 0.1 MPa　57. 标准状态　58. 湿度　59. 轴向吸入
60. 压缩腔内　61. 升高　62. 55～75 ℃　63. 安全操作
64. 严禁合闸　65. 利用磁水器　66. 经化验合格　67. 打开
68. 倒流　69. 坚守岗位　70. 1.1　71. 冷却系统
72. 空气湿度　73. 过载　74. km　75. m
76. dm　77. cm　78. mm　79. 控制进气量
80. 毫米　81. m^3/min　82. 高　83. 循环水
84. 压力润滑　85. 自动　86. 专人挂检验牌　87. 正投影
88. 100　89. 1 630　90. 1 000　91. 450 hp
92. 600 hp　93. 水冷　94. 主机　95. 杂质
96. 手动排水阀　97. 20 t/h　98. 29 t/h　99. 冷却器
100. 油冷却器　101. 喷油螺杆式　102. 压缩机　103. 耐磨损
104. 风动　105. 电动机　106. 安装　107. 风扇
108. 壳管式　109. 控制阀　110. 容积式　111. 稳定
112. 主机　113. 24KT　114. 润滑剂　115. 24KT 润滑油
116. 吸入　117. 冷却　118. 密封　119. 油膜
120. 分离器　121. 双轴驱动电机　122. 冷却器　123. 流动

124. 77 ℃	125. 吸收	126. 170 ℉	127. 高于
128. 润滑油	129. 油过滤器	130. 旁通阀	131. 运行
132. 水量	133. 水压	134. 混合物	135. 储油罐
136. 弧形	137. 视镜	138. 含油量	139. 油气分离器
140. 满负载	141. 最小压力阀	142. 止回阀	143. 安全阀
144. 开关	145. 螺帽	146. 过量	147. 试油镜
148. 空气量	149. 卸载	150. 放空阀	151. 不同状态
152. 50 Psig	153. 控制气	154. 轻载	155. 分离罐
156. 3.5～7.9 bar	157. 进入	158. 额定	159. 管线压力
160. 小孔	161. 进气量	162. 自动	163. 干式空气过滤器
164. 流动阻力	165. 开启程度	166. 排气温度表	167. 干侧
168. 负载	169. 180 ℉	170. 监控	171. 压差表
172. 累计运行时间	173. 亮	174. 压缩	175. 控制

二、单项选择题

1. B	2. C	3. B	4. C	5. B	6. C	7. A	8. C	9. C
10. C	11. A	12. A	13. A	14. A	15. B	16. C	17. B	18. A
19. B	20. B	21. C	22. C	23. B	24. C	25. C	26. B	27. C
28. B	29. A	30. C	31. A	32. B	33. C	34. A	35. B	36. C
37. A	38. C	39. A	40. B	41. A	42. B	43. B	44. C	45. A
46. B	47. C	48. C	49. A	50. C	51. A	52. C	53. C	54. A
55. C	56. B	57. A	58. C	59. B	60. A	61. A	62. C	63. B
64. B	65. B	66. A	67. C	68. C	69. A	70. A	71. C	72. C
73. A	74. C	75. B	76. C	77. C	78. A	79. A	80. C	81. B
82. C	83. B	84. A	85. B	86. B	87. B	88. B	89. C	90. A
91. A	92. A	93. A	94. A	95. B	96. A	97. B	98. C	99. C
100. C	101. C	102. C	103. A	104. A	105. B	106. A	107. B	108. A
109. C	110. C	111. A	112. C	113. A	114. C	115. B	116. C	117. C
118. C	119. A	120. B	121. C	122. C	123. A	124. B	125. C	126. C
127. B	128. C	129. A	130. A	131. A	132. B	133. C	134. C	135. C
136. B	137. B	138. C	139. B	140. B	141. B	142. C	143. A	144. B
145. A	146. A	147. B	148. B	149. C	150. B	151. C	152. A	153. B
154. D	155. C	156. A	157. B	158. B	159. C	160. A	161. A	162. B
163. D	164. C	165. D	166. A	167. B	168. D	169. A	170. B	171. C
172. A	173. C	174. D	175. A					

三、多项选择题

1. ABCD	2. BCD	3. ABD	4. BCD	5. ABD	6. BCD	7. ABC
8. ABD	9. BCD	10. BCD	11. ABCD	12. ACD	13. AC	14. ABCD

15. ABD 16. BCD 17. ACD 18. ABD 19. ABC 20. ABC 21. ABCD
22. CD 23. AB 24. ABD 25. AB 26. AB 27. CD 28. ABC
29. AC 30. AB 31. AB 32. AC 33. ABD 34. BCD 35. AB
36. AD 37. BCD 38. CD 39. CD 40. ABC 41. CD 42. BD
43. ABCD 44. AB 45. AC 46. BCD 47. ACD 48. ACD 49. BCD
50. ACD 51. ACD 52. BCD 53. ABCD 54. AB 55. ABC 56. ABCD
57. ABCD 58. ABC 59. ABC 60. ABCD 61. ABCD 62. ABC 63. ABC
64. ABCD 65. ABCD 66. ABC 67. ABCD 68. AB 69. ABCD 70. ABC
71. ABC 72. AB 73. ABCD 74. ABCD 75. ABC 76. AB 77. ABCD
78. ABCD 79. ABCD 80. ABCD 81. ABCD 82. ABCD 83. AB 84. ABC
85. ABCD 86. ABCD 87. ABC 88. ABCD 89. ABC 90. ABD 91. ABCD
92. ABCD 93. ABC 94. ABC 95. ABC 96. ABCD 97. ABCD 98. ABC
99. AB 100. ABCD 101. ABC 102. AB 103. ABCD 104. ABCD 105. ABC
106. ABC 107. ABCD 108. AB 109. ABC 110. ABCD 111. ABC 112. ABCD
113. ABCD 114. ABCD 115. ABC 116. ABC 117. ABCD 118. ABCD 119. AB
120. AB 121. ABCD 122. AB 123. ABCD 124. ABC 125. ABCD 126. AB
127. ABC 128. ABCD 129. ABCD 130. ABC 131. ABCD 132. AB 133. ABCD
134. ABCD 135. ABCD 136. ABC 137. ABCD 138. ABCD 139. ABC 140. ABCD
141. ABC 142. ABCD 143. ABCD 144. ABCD 145. ABCD 146. AC 147. ABCD
148. ABCD 149. ABC 150. ABCD 151. AB 152. AB 153. ABCD 154. ABCD
155. ABCD 156. ABCD 157. ABCD 158. ABCD 159. ABCD 160. ABCD 161. AB
162. BC 163. ACD 164. BD 165. AD

四、判断题

1. √ 2. √ 3. √ 4. √ 5. √ 6. √ 7. × 8. × 9. √
10. × 11. √ 12. √ 13. × 14. √ 15. √ 16. √ 17. √ 18. ×
19. × 20. × 21. √ 22. × 23. √ 24. × 25. × 26. √ 27. √
28. √ 29. √ 30. √ 31. √ 32. √ 33. √ 34. √ 35. √ 36. ×
37. × 38. √ 39. √ 40. × 41. √ 42. √ 43. √ 44. √ 45. ×
46. √ 47. √ 48. √ 49. √ 50. × 51. √ 52. × 53. × 54. √
55. × 56. √ 57. × 58. × 59. × 60. √ 61. √ 62. √ 63. √
64. √ 65. √ 66. × 67. × 68. √ 69. √ 70. × 71. √ 72. √
73. √ 74. √ 75. × 76. √ 77. √ 78. √ 79. √ 80. √ 81. ×
82. × 83. √ 84. √ 85. × 86. × 87. √ 88. √ 89. √ 90. √
91. × 92. × 93. √ 94. × 95. √ 96. × 97. √ 98. √ 99. ×
100. √ 101. × 102. √ 103. √ 104. × 105. √ 106. × 107. × 108. ×
109. √ 110. × 111. √ 112. √ 113. × 114. √ 115. × 116. × 117. √
118. √ 119. × 120. √ 121. √ 122. × 123. √ 124. × 125. × 126. √
127. × 128. × 129. √ 130. × 131. √ 132. × 133. × 134. √ 135. ×

136.× 137.√ 138.× 139.× 140.√ 141.√ 142.× 143.√ 144.√
145.√ 146.√ 147.× 148.× 149.× 150.√ 151.√ 152.√ 153.√
154.√ 155.√ 156.√ 157.√ 158.√ 159.√ 160.√ 161.√ 162.√
163.√ 164.√ 165.√ 166.√ 167.√ 168.√ 169.√ 170.√ 171.√
172.√ 173.√ 174.√ 175.√ 176.√ 177.√ 178.√ 179.√ 180.√

五、简 答 题

1. 答:由硬度、强度、塑性、韧性几个性能指标构成(2 分)。其中强度包括:拉伸、压缩、剪切、弯曲、扭转(1 分),塑性包括延伸率及断面收缩率(1 分),韧性包括冲击韧性和断裂韧性(1 分)。

2. 答:根据等温、绝热、多变的三种压缩过程分析(1 分),等温压缩过程最省力(1 分),实际的压缩过程即多变压缩过程,冷却效果越好(1 分),多变压缩过程越接近于等温压缩过程(1 分),而等温压缩过程是理想的压缩过程,因此说冷却效果越好空压机的功率消耗就越低(1 分)。

3. 答:利用油与水的比重不同(2 分),采用离心(1 分)、分离(1 分)、过滤的方法进行分离(1 分)。

4. 答:如果空压机起动时不打开卸荷阀和放空阀(1 分),空压机起动时驱动电机则处于带负荷起动的状态(1 分),起动电流会超过允许值而烧毁电机直至造成电网事故(1 分)。因此,空压机起动前要打开卸荷阀和放空阀(1 分),使空压机无负荷起动(1 分)。

5. 答:异步电动机由定子和转子两个基本部分组成(1 分)。而定子又由机座、定子铁芯和定子绕组组成;(2 分)转子则由转子铁芯和转子绕组及转轴组成(2 分)。

6. 答:储气罐应装置的附件有安全阀(2 分),检查孔(1 分),压力表(1 分),排污阀(1 分)。

7. 答:压力表的量程应是工作压力的 1.5～3 倍(3 分),最好为 2 倍(2 分)。

8. 答:金属材料抵抗塑性变形(3 分)或断裂的能力叫金属的强度(2 分)。

9. 答:基本要素有:牙型(1 分)、外径(1 分)、螺距(1 分)、(导程)头数(1 分)、精度和旋转方向(1 分)。

10. 答:空压机的进气噪声(1 分)、机械噪声(1 分)、电机噪声(1 分)、排气噪声(1 分)及储气罐噪声(1 分)。

11. 答:常用的实验方法有:水压试验(2 分)、气密性试验(1 分)、真空实验(1 分)、渗透实验(1 分)。

12. 答:只有操作者正确使用设备(2 分),才能保持设备良好的工作性能(1 分),并充分发挥设备的效能(1 分),延长设备的使用寿命(1 分)。

13. 答:做好设备的维护保养工作(1 分),及时处理随时发生的各种问题(1 分),改善设备的运行条件(1 分),就能防患于未然,避免不应有的损失(1 分),实践证明设备的寿命在很大程度上决定于维护保养的好坏(1 分)。

14. 答:电路是由电源(1 分)、负载(1 分)、联结导线(1 分)和控制设备组成(2 分)。

15. 答:电源的作用是提供电能(5 分)。

16. 答:负载的作用是提供用电设备(5 分)。

17. 答:联结导线的作用是传送电能(5 分)。

18. 答:控制设备的作用是接通和断开电路(3 分)。在电流和电压异常时保护用电设备(2 分)。

19. 答:冷却水出口温度的降低时排气量增加(5 分)。

20. 答:冷却水出口温度的升高时排气量降低(5 分)。

21. 答:压力继电器又称压力开关(2 分),作用是压力高于或低于某一整定值时能切断或接通电源并进行报警(3 分)。

22. 答:①油蒸气聚集在储气罐中,形成易燃物(1 分);②凝结水使管道和附件冻结(2 分);③降低风动工具的效率,引起零部件生锈失灵(2 分)。

23. 答:空气的温度增高密度减少(1 分),按容积计算产生能力虽然保持了原数值(2 分),但是如按重量计算产生能力却是下降(2 分)。

24. 答:空压机常用的电工仪表有电流表(1 分)、电压表(1 分)、功率因数表(1 分)。这些仪表用于空压机驱动电机的运行状态监测(2 分)。

25. 答:使用时应准确读数并作好记录(2 分)。需注意的是,当电流表读数超过允许值(1 分),电压表读数低于允许值(1 分)或三相不平衡超过允许范围时均应立即停机(1 分)。

26. 答:日常维护应注意仪表的清洁和接线头的紧固,防止仪表受到损坏和振动,各类仪表均应定期送检(5 分)。

27. 答:从能量守恒定律中,我们知道,功与热是互相转换的(2 分),在压缩机内,各部位温度的增高是由于机械摩擦力产生功以热的形式耗散(2 分)。所以根据压缩机各部位温度高低可判断工作的好坏(1 分)。

28. 答:空压机使用的冷却水,必须使用清洁无杂质的水(1 分),凡脏、污或带酸性的水,不能作为空压机冷却水用(1 分),因为脏、污的水易沉淀,使气缸和管壁的传热性减弱(1 分),从而恶化了空气的冷却,(1 分)酸性水对冷却器管子有腐蚀作用(1 分)。

29. 答:能够压缩空气(1 分),提高空气压力(1 分)或输送空气(1 分)的机器叫空压机(2 分)。

30. 答:主要因素有:①进气压力的影响。随进气压力降低而降低(1 分)。

②进气温度的影响,其主要通过中间冷却效果的好坏来实现(1 分)。

③转速的影响,当转速受到外界影响时,排气量也受到影响(1 分)。

④余隙容积的影响,排气量与余隙容积成反比(1 分)。

⑤泄漏的影响,泄漏的增加,排气量受到严重影响(1 分)。

31. 答:空压机正常运转时,产生的作用力主要有以下三种(2 分):

①往复和不平衡旋转质量造成的惯性力(1 分)。

②气体压力所造成的作用力(1 分)。

③接触表面相对运动时产生的摩擦力(1 分)。

32. 答:按工作原理分为容积型和速度型两大类(1 分)

容积型分为:往复式和回转式(1 分)。

往复式:活塞式、膜式(1 分)。

回转式分为:滑片式、螺杆式、转子式(1 分)。

速度型分为:轴流式、离心式、喷射式(1 分)。

33. 答:离心水泵的基本参数有:流量(1 分)、扬程(1 分)、转数(1 分)、功率(1 分)、效率

(1分)。

34. 答:若冷却水温低于最小允许温升(1分),说明用水量过大或冷却系统结垢(1分),传热效率很差(1分);若高于正常温升值(1分),说明用水量过小或管束已被阻塞,应排除故障(1分)。

35. 答:玻璃钢冷却塔每4个月维护保养一次(5分)。

36. 答:对损坏的阀门(2分)、密封件等及时进行更换(3分)。

37. 答:布水管断裂(2分)、风机电机烧坏等(2分)故障必须及时修理和更换(1分)。

38. 答:根据老化损坏程度和冷却效果(3分),3～5年更换一次(2分)。

39. 答:以高于原来压力的压力传送气体(5分)。

40. 答:容积压缩和动能压缩(2分)。

41. 答:每运行1 000 h(1分)或空气滤清器指示灯(INLET FILTER)灯光闪烁时(1分),需拆下滤芯(1分),进行除尘或更换(2分)。

42. 答:紧急停机按钮位于监控器附近(1分),按下此按钮切断监控器的所有交流输出(1分),并断开起动器电源(1分)。在拉出按钮并按下O键前(1分),监控器将显示故障信息(E-STOP)(1分)

43. 答:T_1表示排气温度,当排气温度超过235 ℉(113 ℃)使压缩机停机,同时监测主机排出的油、气混合物的温度。

44. 答:P_1表示排气压力,当排气压力超过P_1最大值时,使压缩机停机,同时监测罐压,通过罐压显示确定电机转向是否正确。

45. 答:P_2表示管线压力,当线压达到设定值时,电脑板控制电磁阀使机器卸载。

46. 答:P_3表示注入机内油的压力,当压力过低时,使压缩机停机。

47. 答:监测油过滤器压差(3分),若需要更换则自动报警(2分)。

48. 答:监测进气空气过滤器(3分),若需要更换则自动报警(2分)。

49. 答:指示罐内油位(2分)。正常油位停机时应于视镜可见油位(2分)。不要多加机油(1分)。

50. 答:选择手动或自动运行模式(1分),当该钮 置于“自动”位置(1分),压缩机可以在连续卸载运行15～30 min之间自动停机(1分),当线压(P_2)下降至低于设定值时(1分),压缩机可自动开启(1分)。

51. 答:显示压缩机的累计运行时间(3分),维护时可参考该参数(2分)。

52. 答:管线压力表探头位于排气止回阀之后(3分),反映供气压力(2分)。

53. 答:反映各种工况下(3分)油气分离罐的压力(2分)

54. 答:监控主机排出口气/油混合物的温度(2分),经过风冷和水冷后的压缩空气(2分),正常温度范围大约在180～205 ℉(82～96 ℃)(1分)

55. 答:空滤器维修指示器跳出红色指示时表明空气过滤器流阻太大(3分),需要更换滤芯(2分)。

56. 答:油过滤器压差表指针指向红色区域表明油过滤器流阻太大(3分),需要更换滤芯(2分)。

57. 答:分离器压差表指针指向红色区域表明分离器流阻太大(3分),需要更换滤芯(2分)。

58. 答:电源灯(红色)亮起(3分)则机组得电(2分)

59. 答:运行灯(绿色)亮起(3 分)则压缩机处于运行状态(2 分)

60. 答:运行灯(琥珀色)亮起(3 分)则表示自动模式(2 分)

61. 答:视油镜用于查看油位(1 分)。停机后油面于视镜中必须可见(2 分),加油不要过量(2 分)。

62. 答:回油管视镜用于查看回油情况(1 分)。满载时应有较大流量(1 分);卸载时流量很小甚至没有(1 分);如果在满载时流动迟缓(1 分),需清洁回油管过滤器(1 分)。

63. 答:温控阀调节流经冷却器的油量(1 分),当油温低于 170 ℉(77 ℃)阀门关闭(1 分),油路旁通(1 分),油不流经冷却器(1 分)。可在启动时快速升高油温(1 分)。

64. 答:最小压力阀保持油气分离罐中的压力为 50 Psig(3.5 bar)(1 分)。压力低于 50 Psig(3.5 bar)时(1 分),压力阀关闭(1 分),并断开分离罐和供气管(1 分),防止卸载或停机期间压缩空气的回流(1 分)。

65. 答:高温保护开关在排气温度超过 235 ℉(113℃)时停机(5 分)。

66. 答:水压开关(仅水冷机组)水压不够时,压缩机不会启动。

67. 答:安全阀当罐压过高时(1 分),该阀动作(1 分),罐与大气接通(1 分),此阀动作表明高压开关失调或损坏(2 分)。

68. 答:进气阀根据用气量调节进入主机的空气量(3 分)。停机时关闭(起止回阀的作用)(2 分)。

69. 答:压力调节器传递压力信号到进气阀(3 分),根据用气需要控制进气量(2 分)。

70. 答:电磁阀当机组达到最高设定压力时(1 分),使压力调节器旁通关闭进气阀(2 分)。也可使放空阀动作(2 分)。

六、综 合 题

1. 解:$P_{绝}=P_{表}+P_{大气}$(4 分)$=0.7$ MPa$+0.1$ MPa(3 分)$=0.8$ MPa(3 分)

答:绝对压力为 0.8 MPa。

2. 解:$R=P_2/P_1$(4 分)$=0.8/0.1$(3 分)$=8$(3 分)

答:压缩比是 8。

3. 解:因为 1 L=0.264 17 gal(4 分)

所以 10 L=0.264 17×10 gal(3 分)≈2.64 gal(3 分)

答:10 L 等于 2.64 gal。

4. 解:因为 1 MPa=10 bar(3 分),1 Psi=0.006 89 MPa(3 分)

所以10 MPa=10×10 bar=100 bar(2 分)

50 Psi=50×0.006 89 MPa≈0.34 MPa(2 分)

答:10 MPa 等于 100 bar(巴),50Psi(磅力/平方英寸)等于 0.34 MPa。

5. 解:$5(t_{℉}-50)=9(t_{℃}-10)$

所以 $t_{℃}=(t_{℉}-32)\times\frac{5}{9}$

$=(86-32)\times\frac{5}{9}$

$=30$ ℃

答:86 ℉(华氏度)等于 30 ℃。

6. 答:(1)清洁回油管过滤器。(3 分)

(2)清洁回油管节流孔。(3 分)

(3)更换油过滤器滤芯。(2 分)

(4)清洁控制管路上的过滤器。(2 分)

7. 答:等温压缩是一种在压缩过程中(5 分)气体保持温度不变得压缩过程(5 分)。

8. 答:油气分离器中的润滑油经热力阀进入油冷却器(2 分),冷却后的润滑油经油过滤器进入主机工作腔(2 分),与吸入的空气一起被压缩(2 分),然后排出机体(2 分),进入油气分离器,完成一个循环(2 分)。

9. 答:(1)每运行 8 000 h 以后(3 分)。

(2)每一年(3 分)。

(3)经化验分析表明,润滑油需要更换(4 分)。

10. 答:(1)油气分离器内油位过低(2 分)。

(2)温控阀失灵(1 分)。

(3)油过滤器堵塞,旁通阀失灵(1 分)。

(4)环境温度太高(1 分)。

(5)用户外接通风管道阻力太大(1 分)。

(6)冷却水流量不足(1 分)。

(7)冷却水温度过高(1 分)。

(8)冷却器堵塞(1 分)。

(9)热电阻温度传感器 RTD 失效(1 分)。

11. 答:(1)卸载零件(例:放空阀、进气阀,任选的螺旋阀)失效(2 分)。

(2)压力调节器失效(1 分)。

(3)电磁阀失效(1 分)。

(4)控制器泄漏(1 分)。

(5)控制器管路过滤器堵塞(1 分)。

(6)油气分离器滤芯堵塞(2 分)。

(7)最小压力阀—蝶阀失效(2 分)。

12. 答:(1)耗气量大于供气量(2 分)。

(2)空气滤清器阻塞(2 分)。

(3)进气阀不能完全打开(2 分)。

(4)压力传感器接头松动(1 分)。

(5)最小压力阀—蝶阀失效(1 分)。

(6)任选的螺旋阀打开(1 分)。

(7)油气分离器滤芯堵塞(1 分)。

13. 答:(1)压力传感器 P_2 故障(2 分)。

(2)卸载零件(例:放空阀、进气阀,任选的螺旋阀)失效(2 分)。

(3)电磁阀失效(2 分)。

(4)控制器管道泄漏(2 分)。

(5)控制器管路过滤器堵塞(2 分)。

14. 答:(1)回油管过滤器或节流孔堵塞(2 分)。

(2)油气分离器滤芯或垫圈损坏(2 分)。

(3)润滑油系统泄漏(2 分)。

(4)油位太高(2 分)。

(5)泡沫过多(2 分)。

15. 答:按运行方式的不同(2 分),分为无油压缩机和喷油压缩机(2 分);按被压缩气体种类和用途的不同(2 分),分为空气压缩及、制冷压缩机和工艺压缩机三种(2 分);按结构形式的不同,分为移动式和固定式、开启式和封闭式(2 分)。

16. 答:(1)90 ℃$<T_1<$113 ℃(4 分)。

(2)$\Delta P_1<$0.07 MPa(3 分)。

(3)$P_{排}<$0.8 MPa(3 分)。

17. 答:(1)清洁回油管过滤器(4 分)。

(2)更换油过滤器滤芯(3 分)。

(3)更换空气过滤器滤芯(3 分)。

18. 答:当监控器发出过滤器的维护信号时(面板上 ΔP2 灯光闪烁)(4 分),应对油过滤器进行维护(3 分),及时更换滤芯(3 分)。

19. 答:(1)进气过程:当转子经过入口时,空气从轴向吸入主机(2 分)。

(2)封闭过程:转子经过入口后,一定体积的空气被密封在两个转子形成的压缩腔内(2 分)。

(3)压缩及输送:随着转子的转动,压缩腔的体积逐渐减小,空气压力升高(3 分)。

(4)排气过程:空气到达另一端的出口,压缩完成(3 分)。

20. 答:机组起动之前(1 分),要检查油位(1 分),如果油位太低(1 分),则需加注润滑油(1 分)。起动后(1 分),应检查各显示值是否正常(1 分)。机组升温后(1 分),检查各系统的工作情况(1 分),有无泄漏现象(1 分),有无异常声音(1 分)。

21. 答:进气控制阀由蝶阀和气缸调节机构组成(2 分)。机组满负荷运行时,蝶阀处于全开状态(2 分);当用户所需用气量减小时,由气缸调节机构推动蝶阀,使蝶阀开度减小,从而减少压缩机的进气量(2 分);当用户停止用气时,蝶阀关闭,停止进气,压缩机进入空载运行状态(2 分);当用户恢复用气时,调节机构又会使蝶阀重新打开(2 分)。

22. 答:在螺杆压缩机的手动操作方式下,只要温度和压力处在正常范围内,电机不过载停机或紧急停机触点没有跳开,压缩机将不会停机,按Ⅰ键停机,并置手动方式(3 分),如果压缩机已经运行且处于自动模式,按Ⅰ键使操作方式换到手动(2 分),若压缩机已按手动方式运行,按Ⅰ键会使监控器关闭普通故障继电器(如果连接着的话),并熄灭显示报警信号的指示灯(2 分)。若要停机,按 O 键,如果按 O 键时已经停机,将断开普通故障继电器(如果接通的话),并清除报警信号和熄灭维护信号的指示灯,无论压缩机在做什么,按 O 键都将使监控器处于手动停机状态(3 分)。

23. 答:在螺杆压缩机的自动运行方式下,当管线压力 P_2 小于“LOAD”设定值时,压缩机将启动(2 分),如果说压缩机在空载情况下运行了参数“UNID TIME”设定的时间,它将停机(2 分),要使压缩机处于自动状态,可按自动运行键(2 分)这时如果 P_2 已经低于“LOAD”

值,压缩机将立即起动(2分),否则监控器显示的系统状态为“STANDBY”,而标有“AUTO”的显示器将会闪烁(2分)。

24. 答:螺杆压缩机的断电故障再启动过程:如果重新启动计时器(通过RST TIME设定)被挂起(2分),电源恢复后机组将不会重新启动(2分):如果该参数已经设定,电源恢复后机组进入暂停状态(2分),当管线压力低于设定的供气压力(2分),计时器开始计时,计时完成后机组启动(2分)。

25. 答:玻璃钢冷却塔工作中循环水温度上升,冷却效果不好分析如下:

(1)循环水量过大或过小,调整循环水量(2分);

(2)充填填料堵塞,清理或更换充填材料(2分);

(3)风机故障,停转。修理风机,恢复正常运转(3分);

(4)布水器停转或布水管断裂,修理布水器或更换布水管(3分)。

26. 答:玻璃钢冷却塔工作中风机异常噪声或震动大分析如下:

(1)风机支架松动,紧固支架(3分);

(2)风机轴承不良,更换轴承(3分);

(3)风机叶片与塔体接触。除冰保证正常间隙(4分)。

27. 答:玻璃钢冷却塔工作中的注意事项:

(1)玻璃钢冷却塔冬季容易结冰,除冰时要注意不要砸坏冷却塔(4分);

(2)冷却塔在水池上方,维修或砸冰时小心掉到水池里(3分)。进冷却塔内部修理要彻底断电,并派专人看护,防止突然启动风机造成危险(3分)。

28. 答:玻璃钢冷却塔的主要技术规格及参数:

(1)冷却能力:50～125 t/h(3分);

(2)进出水温度差:5～15 ℃(3分);

(3)配套电机功率:15 t/h的冷却塔配套的风机电机功率1.5 kW。大于15 t/h的冷却塔配套的风机电机功率3～4 kW(4分)。

29. 答:冷冻式干燥机操作面板巡检内容:检查操作面板显示参数是否正常(3分),冷冻式干燥机进气温度小于40 ℃(3分),环境温度0～43.3 ℃(2分),回气压力0.37～0.41 MPa(绿区)(2分)。

30. 答:再生式干燥机操作面板巡检内容:再生式干燥机进气温度小于65 ℃(3分),加热温度120～150 ℃(3分),进气压力与空压机排气压力数值相同(2分)。有无故障报警显示(2分)。

31. 答:压力调节开关的作用是(3分),当管线压力达到设定值后(3分),控制电磁阀卸载(4分)。

32. 答:放空阀的作用是(3分),卸载和停机时打开(3分),使油气分离罐与大气相通(4分)。

33. 答:水量调节阀(仅水冷机组)的作用是(3分),调节冷却水流量(3分),保证运行温度正常(4分)。

34. 答:螺杆空压机第一次起动以后各次起动(3分),检查油位后(3分),按起动按钮即可起动机组(2分)。运行期间需查看各运行参数(2分)。

35. 答:$P_{1\mathrm{Max}}$为油气分离罐最大压力(3分),如果油气分离罐压力超过该值(3分),监控器将停机(2分),同时显示警告信号(2分)。

压缩机工(初级工)技能操作考核框架

一、框架说明

1. 依据《国家职业标准》注,以及中国中车确定的“岗位个性服从于职业共性”的原则,提出压缩机工(初级工)技能操作考核框架(以下简称:技能考核框架)。

2. 本职业等级技能操作考核评分采用百分制。即:满分为100分,60分为及格,低于60分为不及格。

3. 实施“技能考核框架”时,考核制件(活动)命题可以选用本企业的加工件(活动项目),也可以结合实际另外组织命题。

4. 实施“技能考核框架”时,考核的时间和场地条件等应依据《国家职业标准》、并结合企业实际确定。

5. 实施“技能考核框架”时,其“职业功能”的分类按以下要求确定:

(1)“压缩机组的操作、“设备维护与保养”属于本职业等级技能操作的核心职业活动,其“项目代码”为“E”。

(2)“工艺准备”、“事故判断与处理”属于本职业等级技能操作的辅助性活动,其“项目代码”分别为“D”和“F”。

6. 实施“技能考核框架”时,其“鉴定项目”和“选考数量”按以下要求确定:

(1)按照《国家职业标准》有关技能操作鉴定比重的要求,本职业等级技能操作考核制件的“鉴定项目”应按“D”+“E”+“F”组合,其考核配分比例相应为:“D”占20分,“E”占60分(其中:压缩机的操作10分,设备维护与保养50分),“F”占20分。

(2)依据中国中车确定的“核心职业活动选取2/3、并向上取整”的规定,在“E”类鉴定项目——“压缩机组的操作”与“设备维护与保养”的全部6项中,至少选取4项。

(3)依据中国中车确定的“其余‘鉴定项目’的数量可以任选”的规定,“D”和“F”类鉴定项目——“工艺准备”、“事故判断与处理”中,至少分别选取1项。

(4)依据中国中车确定的“确定‘选考数量’时,所涉及‘鉴定要素’的数量占比,应不低于对应‘鉴定项目’范围内‘鉴定要素’总数的60%,并向上取整”的规定,考核制件(活动)的鉴定要素“选考数量”应按以下要求确定:

①在“D”类“鉴定项目”中,在已选定的至少1个鉴定项目中,至少选取已选鉴定项目所对应的全部鉴定要素的60%项,并向上保留整数。

②在“E”类“鉴定项目”中,在已选定的至少4个鉴定项目所包含的全部鉴定要素中,至少选取总数的60%项,并向上保留整数。

③在“F”类“鉴定项目”中,在已选定的至少1个鉴定项目所包含的全部鉴定要素中,至少选取总数的60%项,并向上保留整数。

举例分析:

按照上述"第6条"要求，若命题时按最少数量选取，即：在"D"类鉴定项目中选取了"启动前准备"1项，在"E"类鉴定项目中选取了"开车操作、"运行操作"、"设备维护"、"设备保养"4项，在"F"类鉴定项目中选取了"事故判断"1项，则：

此考核制件所涉及的"鉴定项目"总数为6项，具体包括："启动前准备"，"开车操作"、"运行操作"、"设备维护"、"设备保养"，"事故判断"。

此考核制件所涉及的鉴定要素"选考数量"相应为17项，具体包括："启动前准备"鉴定项目包含的全部7个鉴定要素中的5项，"开车操作"、"运行操作"、"设备维护"、"设备保养"等4个鉴定项目包括的全部16个鉴定要素中的10项，"事故判断"鉴定项目包含的全部3个鉴定要素中的2项。

7. 本职业等级技能操作需要两人及以上共同作业的，可由鉴定组织机构根据"必要、辅助"的原则，结合实际情况确定协助人员的数量。在整个操作过程中，协助人员只能起必要、简单的辅助作用。否则，每违反一次，至少扣减应考者的技能考核总成绩10分，直至取消其考试资格。

8. 实施"技能考核框架"时，应同时对应考者在质量、安全、工艺纪律、文明生产等方面行为进行考核。对于在技能操作考核过程中出现的违章作业现象，每违反一项(次)至少扣减技能考核总成绩10分，直至取消其考试资格。

注：按照中国中车规定，各《职业技能操作考核框架》的编制依据现行的《国家职业标准》或现行的《行业职业标准》或现行的《中国中车职业标准》的顺序执行。

二、压缩机工(初级工)技能操作鉴定要素细目表

职业功能	鉴定项目				鉴定要素		
	项目代码	名称	鉴定比重(%)	选考方式	要素代码	名称	重要程度
工艺准备	D	工艺文件准备	20	任选	001	能绘制压缩机装置油系统及被压缩介质的工艺流程示意图	Y
					002	能识读本岗位设备示意简图	Y
					003	能识读机组升速曲线图以及本岗位带控制点工艺流程图	Y
					004	能识记本岗位工艺参数和工艺操作规程	X
		启动前准备			001	能投入运行本机组所需的冷却水、加热蒸汽及疏水阀	X
					002	能根据需要使用本机组所需的氮气	Z
					003	能建立本机组的润滑油系统(包括润滑油高位油槽液位的建立)	Y
					004	能投入运行压缩机各分离器液位控制	Y
					005	能排放机组所有导淋	Z
					006	能投入运行各类监控仪表	Y
					007	能使用本岗位各安全、防护设施	X
压缩机组的操作	E	开车操作	10	至少选4项	001	能按规定开、停泵，投入运行换热器、油过滤器等设备	X
					002	能操作本机组控制系统	X
					003	能启动机组运行	X
					004	能根据机组开车程序进行升速操作	Y

续上表

职业功能	鉴定项目				鉴定要素		
	项目代码	名称	鉴定比重(%)	选考方式	要素代码	名　称	重要程度
压缩机组的操作	E	运行操作	10	至少选4项	001	能按规定巡回检查，填写岗位检查记录	X
					002	能确认控制室外各压力、温度、液位等就地仪表的测量值以及现场阀门的实际阀位	Y
					003	能操作本岗位所有的控制阀、截止阀、电磁阀、电动阀等阀门	Z
					004	能判断单向阀的方向	Z
					005	能识读振动、位移、轴温及机组转速	Z
		停车操作			001	能进行压缩机的正常停车操作	X
					002	能进行机组停运后其辅助设备的停运操作	Y
					003	能进行压缩机主机及其辅助设备的卸压、置换、降温等操作	Z
		工艺计算			001	能进行压力、温度、流量等常用单位的换算	X
					002	能计算压缩机的吸气与排气量	Y
					003	能进行气体的分子量、摩尔数、摩尔体积以及混合气体的平均分子量、平均比热容的计算	Y
设备维护与保养		设备维护	50		001	能完成压缩机装置防冻、防凝工作	Y
					002	能使用扳手、管钳等常用工具对设备进行简单维护	X
					003	能就地更换压力表、温度表	Y
					004	能进行机泵的备用工作	X
		设备保养			001	能完成本岗位所有阀门的保养工作	Y
					002	在机组维修中，能参加换热器、分离器、油冷器、过滤器的清洗工作	X
					003	能添加、更换机、泵的润滑油	Y
事故判断与处理	F	事故判断	20	任选	001	能判断压缩装置所有电机、泵的运转是否正常	X
					002	能判断运行设备温度、压力、液位、流量、转速、振动、轴位移等异常现象	X
					003	能判断现场机、泵、阀门、法兰泄漏事故	Y
		事故处理			001	能打火警、急救电话，及时汇报生产中出现的各种异常现象及事故	X
					002	能处理压缩机所有运行泵及电机的异常情况	X
					003	能处理油温、油压、油位异常情况	Y
					004	能按要求处理设备超温、超压、液压过高等异常现象	Y
					005	能处理烫伤等轻微事故	Y

注：重要程度中X表示核心要素，Y表示一般要素，Z表示辅助要素。下同。

压缩机工(初级工)
技能操作考核样题与分析

职业名称：________________

考核等级：________________

存档编号：________________

考核站名称：________________

鉴定责任人：________________

命题责任人：________________

主管负责人：________________

中国中车股份有限公司劳动工资部制

职业技能鉴定技能操作考核制件图示或内容

1. 现场演示循环水池补水全过程。
2. 螺杆空压机启动前,附属设备检查步骤。
3. 油气分离器压差表作用。
4. 螺杆空压机启动前,仪表、启动柜检查内容。
5. 螺杆空压机启动前,障碍物、安全标识检查步骤。
6. 水泵正常运行压力。
7. 检查螺杆空压机控制系统参数。
8. 螺杆空压机启动步骤。
9. 螺杆空压机巡回检查记录内容。
10. 螺杆空压机控制系统电脑板上,正常运行参数范围值。
11. 手动排污阀的操作过程。
12. 冬季螺杆空压机装置防冻工作注意事项。
13. 油过滤器应如何保养,现场演示维护过程及操作注意事项。
14. 现场操作更换压力表。
15. 放空阀、排污阀等所有阀门的保养工作内容。
16. 冷却器的结构,冷却水的压力、水质对冷却器换热效果有哪些影响。
17. 如何判断电机运转是否正常。
18. 排气温度 t_1 过高,可能的原因,并判断故障点在机器上的位置。
19. 如何检查水泵运行状态。
20. 出现火灾时,应急措施。
21. 油压出现异常情况,怎样排除。
22. 排气温度 t_1 过高,怎样排除。

职业名称	压缩机工
考核等级	初级工
试题名称	压缩机工初级技能操作试题
材质等信息	

职业技能鉴定技能操作考核准备单

职业名称	压缩机工
考核等级	初级工
试题名称	压缩机工初级技能操作

一、材料准备

1. 材料规格。
2. 坯件尺寸。

二、设备、工、量、卡具准备清单

序号	名称	规格	数量	备注
1	螺杆空压机	60 m^3	1	

三、考场准备

1. 相应的公用设备、设备与器具的润滑与冷却等。
2. 相应的场地及安全防范措施。
3. 其他准备。

四、考核内容及要求

1. 考核内容(按考核制件图示及要求制作)。
2. 考核时限60分钟。
3. 考核评分(表)

职业名称	压缩机工		考核等级	初级工	
试题名称	压缩机工初级技能操作试题		考核时限	60 min	
鉴定项目	考核内容	配分	评分标准	扣分说明	得分
启动前准备	现场演示循环水池补水全过程	4分	一项不正确扣1分		
	螺杆空压机启动前,油位检查步骤	4分	一项不正确扣1分		
	油气分离器压差表作用	4分	一项不正确扣1分		
	螺杆空压机启动前,仪表、启动柜检查内容	4分	一项不正确扣1分		
	螺杆空压机启动前,障碍物、安全标识检查步骤	4分	一项不正确扣1分		

续上表

鉴定项目	考核内容	配分	评分标准	扣分说明	得分
开车操作	水泵正常运行压力	2分	一项不正确扣1分		
	检查螺杆空压机控制系统参数	2分	一项不正确扣1分		
	螺杆空压机启动步骤	1分	一项不正确扣1分		
	螺杆空压机巡回检查记录内容	1分	一项不正确扣1分		
运行操作	螺杆空压机控制系统电脑板上,正常运行参数范围值	2分	一项不正确扣1分		
	手动排污阀的操作过程	1分	一项不正确扣1分		
	冬季螺杆空压机装置防冻工作注意事项	1分	一项不正确扣1分		
设备维护	油过滤器应如何保养,现场演示维护过程及操作注意事项	15分	一项不正确扣1分		
	现场操作更换压力表	10分	一项不正确扣1分		
设备保养	放空阀、排污阀等所有阀门的保养工作内容	15分	一项不正确扣1分		
	冷却器的结构,冷却水的压力、水质对冷却器换热效果有哪些影响	10分	一项不正确扣1分		
事故判断	如何判断电机运转是否正常	3分	一项不正确扣1分		
	排气温度 t_1 过高,可能的原因,并判断故障点在机器上的位置	3分	一项不正确扣1分		
	如何检查水泵运行状态	4分	一项不正确扣1分		
事故处理	出现火灾时,应急措施	3分	一项不正确扣1分		
	油压出现异常情况,怎样排除故障	3分	一项不正确扣1分		
	排气温度 t_1 过高,怎样排除故障	4分	一项不正确扣1分		
质量、安全、工艺纪律、文明生产等综合考核项目	考核时限	不限	每超时5分钟,扣5分		
	工艺纪律	不限	依据企业有关工艺纪律管理规定执行,每违反一次扣10分		
	劳动保护	不限	依据企业有关劳动保护管理规定执行,每违反一次扣10分		
	文明生产	不限	依据企业有关文明生产管理规定执行,每违反一次扣10分		
	安全生产	不限	依据企业有关安全生产管理规定执行,每违反一次扣10分,有重大安全事故,取消成绩		

职业技能鉴定技能考核制件(内容)分析

职业名称	压缩机工
考核等级	初级工
试题名称	压缩机工初级技能操作
职业标准依据	国家职业标准

试题中鉴定项目及鉴定要素的分析与确定

鉴定项目分类 分析事项	基本技能“D”	专业技能“E”	相关技能“F”	合计	数量与占比说明
鉴定项目总数	2	6	2	10	
选取的鉴定项目数量	1	4	2	7	核心职业活动占比大于2/3
选取的鉴定项目数量占比(%)	50	67	100	70	
对应选取鉴定项目所包含的鉴定要素总数	7	16	8	31	
选取的鉴定要素数量	5	11	6	22	鉴定要素数量占比大于60%
选取的鉴定要素数量占比(%)	71	69	75	71	

所选取鉴定项目及相应鉴定要素分解与说明

鉴定项目类别	鉴定项目名称	国家职业标准规定比重(%)	《框架》中鉴定要素名称	本命题中具体鉴定要素分解	配分	评分标准	考核难点说明
“D”	启动前准备	20	能投入运行本机组所需的冷却水、加热蒸汽及疏水阀	现场演示疏水阀操作全过程	4分	答错1点扣1分	疏水阀腐蚀
			能建立本机组的润滑油系统(包括润滑油高位油槽液位的建立)	螺杆空压机启动前，附属设备检查步骤	4分	答错1点扣1分	润滑油量，视油镜1/3～3/4之间
			能投入运行压缩机各分离器液位控制	油气分离器压差表作用	4分	答错1点扣1分	确保油气分离器正常工作
			能投入运行各类监控仪表	螺杆空压机启动前，仪表、启动柜检查内容	4分	答错1点扣1分	仪表、启动柜有无异常声音
			能使用本岗位各安全、防护设施	螺杆空压机启动前，障碍物、安全标识检查步骤	4分	答错1点扣1分	检查有无障碍物等
“E”	开车操作	60	能按规定开、停泵，投入运行换热器、油过滤器等设备	水泵正常运行压力	2分	答错1点扣1分	压力范围
			能操作本机组控制系统	检查螺杆空压机控制系统参数	2分	答错1点扣1分	正常范围值
			能启动机组运行	螺杆空压机启动步骤	1分	答错1点扣1分	注意事项
			能按规定巡回检查，填写岗位检查记录	螺杆空压机巡回检查记录内容	1分	答错1点扣1分	巡回检查内容
	运行操作		能确认控制室外各压力、温度、液位等就地仪表的测量值以及现场阀门的实际阀位	螺杆空压机控制系统电脑板上，正常运行参数范围值	2分	答错1点扣1分	运行参数范围值

续上表

鉴定项目类别	鉴定项目名称	国家职业标准规定比重(%)	《框架》中鉴定要素名称	本命题中具体鉴定要素分解	配分	评分标准	考核难点说明
“E”	运行操作	60	能操作本岗位所有的控制阀、截止阀、电磁阀、电动阀等阀门	手动排污阀的操作过程	1分	答错1点扣1分	操作过程注意事项
			能完成压缩机装置防冻、防凝工作	冬季螺杆空压机装置防冻工作注意事项	1分	答错1点扣1分	防冻工作注意事项
	设备维护		能使用扳手、管钳等常用工具对设备进行简单维护	油过滤器应如何保养,现场演示维护过程及操作注意事项	15分	答错1点扣1分	维护过程及操作注意事项
			能就地更换压力表、温度表	现场操作更换压力表	10分	答错1点扣1分	更换步骤
	设备保养		能完成本岗位所有阀门的保养工作	放空阀、排污阀等所有阀门的保养工作内容	15分	答错1点扣1分	保养工作内容
			在机组维修中,能参加换热器、分离器、油冷器、过滤器的清洗工作	冷却器的结构,冷却水的压力、水质对冷却器换热效果有哪些影响	10分	答错1点扣1分	换热影响
“F”	事故判断	20	能判断压缩装置所有电机、泵的运转是否正常	如何判断电机运转是否正常	3分	答错1点扣1分	电机转向
			能判断运行设备温度、压力、液位、流量、转速、振动、轴位移等异常现象	排气温度 t_1 过高,可能的原因,并判断故障点在机器上的位置	3分	答错1点扣1分	冷却水、润滑油流量
			能判断现场机、泵、阀门、法兰泄漏事故	如何检查水泵运行状态	3分	答错1点扣1分	水泵压力
	事故处理		能打火警、急救电话,及时汇报生产中出现的各种异常现象及事故	出现火灾时,应急措施	3分	答错1点扣1分	切断电源、使用消防器材
			能处理油温、油压、油位异常情况	油压出现异常情况,怎样排除	3分	答错1点扣1分	排除故障点
			能按要求处理设备超温、超压、液压过高等异常现象	排气温度 t_1 过高,怎样排除	4分	答错1点扣1分	调整冷却水、润滑油流量
质量、安全、工艺纪律、文明生产等综合考核项目				考核时限	不限	每超过10分钟,扣5分	
				工艺纪律	不限	依据企业工艺纪律管理规定执行,每违反一次扣10分	
				劳动保护	不限	依据企业劳动保护管理规定执行,每违反一次扣10分	
				文明生产	不限	依据企业文明生产管理规定执行,每违反一次扣10分	

压缩机工(中级工)技能操作考核框架

一、框架说明

1. 依据《国家职业标准》注,以及中国中车确定的“岗位个性服从于职业共性”的原则,提出压缩机工(中级工)技能操作考核框架(以下简称:技能考核框架)。

2. 本职业等级技能操作考核评分采用百分制。即:满分为 100 分,60 分为及格,低于 60 分为不及格。

3. 实施“技能考核框架”时,考核制件(活动)命题可以选用本企业的加工件(活动项目),也可以结合实际另外组织命题。

4. 实施“技能考核框架”时,考核的时间和场地条件等应依据《国家职业标准》、并结合企业实际确定。

5. 实施“技能考核框架”时,其“职业功能”的分类按以下要求确定:

(1)“压缩机组的操作、“设备维护与保养”属于本职业等级技能操作的核心职业活动,其“项目代码”为“E”。

(2)“工艺准备”、“事故判断与处理”属于本职业等级技能操作的辅助性活动,其“项目代码”分别为“D”和“F”。

6. 实施“技能考核框架”时,其“鉴定项目”和“选考数量”按以下要求确定:

(1)按照《国家职业标准》有关技能操作鉴定比重的要求,本职业等级技能操作考核制件的“鉴定项目”应按“D”+“E”+“F”组合,其考核配分比例相应为:“D”占 20 分,“E”占 60 分(其中:压缩机的操作 10 分,设备维护与保养 50 分),“F”占 20 分。

(2)依据中国中车确定的“核心职业活动选取 2/3、并向上取整”的规定,在“E”类鉴定项目——“压缩机组的操作”与“设备维护与保养”的全部 6 项中,至少选取 4 项。

(3)依据中国中车确定的“其余‘鉴定项目’的数量可以任选”的规定,“D”和“F”类鉴定项目——“工艺准备”、“事故判断与处理”中,至少分别选取 1 项。

(4)依据中国中车确定的“确定‘选考数量’时,所涉及‘鉴定要素’的数量占比,应不低于对应‘鉴定项目’范围内‘鉴定要素’总数的 60%,并向上取整”的规定,考核制件(活动)的鉴定要素“选考数量”应按以下要求确定:

①在“D”类“鉴定项目”中,在已选定的至少 1 个鉴定项目中,至少选取已选鉴定项目所对应的全部鉴定要素的 60%项,并向上保留整数。

②在“E”类“鉴定项目”中,在已选定的至少 4 个鉴定项目所包含的全部鉴定要素中,至少选取总数的 60%项,并向上保留整数。

③在“F”类“鉴定项目”中,在已选定的至少 1 个鉴定项目中,至少选取已选鉴定项目所对应的全部鉴定要素的 60%项,并向上保留整数。

举例分析:

按照上述“第6条”要求,若命题时按最少数量选取,即:在“D”类鉴定项目中的选取了“启动前准备”1项,在“E”类鉴定项目中选取了“开车操作、“运行操作”、“设备维护”、“设备保养”4项,在“F”类鉴定项目中选取了“事故判断”和“事故处理”2项,则:

此考核制件所涉及的“鉴定项目”总数为7项,具体包括:“启动前准备”,“开车操作”、“运行操作”、“设备维护”、“设备保养”,“事故判断”,“事故处理”。

此考核制件所涉及的鉴定要素“选考数量”相应为20项,具体包括:“启动前准备”鉴定项目包含的全部7个鉴定要素中的5项,“开车操作”、“运行操作”、“设备维护”、“设备保养”等4个鉴定项目包括的全部13个鉴定要素中的9项,“事故判断”鉴定项目包含的全部4个鉴定要素中的3项,“事故处理”鉴定项目包含的全部4个鉴定要素中的3项。

7. 本职业等级技能操作需要两人及以上共同作业的,可由鉴定组织机构根据“必要、辅助”的原则,结合实际情况确定协助人员的数量。在整个操作过程中,协助人员只能起必要、简单的辅助作用。否则,每违反一次,至少扣减应考者的技能考核总成绩10分,直至取消其考试资格。

8. 实施“技能考核框架”时,应同时对应考者在质量、安全、工艺纪律、文明生产等方面行为进行考核。对于在技能操作考核过程中出现的违章作业现象,每违反一项(次)至少扣减技能考核总成绩10分,直至取消其考试资格。

注:按照中国中车规定,各《职业技能操作考核框架》的编制依据现行的《国家职业标准》或现行的《行业职业标准》或现行的《中国中车职业标准》的顺序执行。

二、压缩机工(中级工)技能操作鉴定要素细目表

职业功能	鉴定项目				鉴定要素		
	项目代码	名称	鉴定比重(%)	选考方式	要素代码	名　　称	重要程度
工艺准备	D	工艺文件准备	20	任选	001	能绘制工艺气及油系统带控制点工艺流程图	Y
					002	能绘制机组升速曲线图	Y
					003	能识读本岗位设备结构简图及设备布置图	Y
					004	能识读机组原动机控制原理图	X
		启动前准备			001	能进行润滑油泵及本岗位其他泵自启动试验	X
					002	能配合仪表工完成各报警、联锁调试工作以及各控制阀阀位的调试确认	Z
					003	能进行压缩机原动机部分的开车准备工作	Y
					004	能进行本岗位所有泵的电机单试和联动试泵工作	Y
					005	能进行机、泵的盘车工作	Z
					006	能建立和投入运行机组所需的各种密封系统	Y
					007	能按工艺要求检查确认各盲板的抽、插情况	X

续上表

职业功能	鉴定项目				鉴定要素		
	项目代码	名称	鉴定比重（%）	选考方式	要素代码	名称	重要程度
压缩机组的操作	E	开车操作	10	至少选4项	001	能进行机组启动后的紧急停车按钮危急保安器，压力、温度联锁等安全保护系统的动作试验	X
					002	能调整开车过程中压缩机组的油温、油压、油位等油系统的各项技术参数	X
					003	能操作本压缩机组装置的所有电动机	Y
		运行操作			001	能切换机组各备用泵	X
					002	能根据生产要求，调节压缩机的运行状况	Y
					003	能进行油过滤器、油冷器等设备的切换工作	Z
		停车操作			001	能根据工艺不同的停车要求确定机组停车的处理程度	X
					002	能根据国家环境保护法和本压缩装置污染物的种类、数量、性质、排放标准和防治方法，做到达标排放	Y
					003	能进行机组停车后本岗位所有阀门的开、关位置的确认	Z
		工艺计算			001	能进行本岗位有关的物料和热量衡算	X
					002	能进行本压缩机吸气、排气过程的温度、压力、流量的计算	Y
					003	能进行柏努利方程、雷诺数以及流体流动阻力的有关计算	Y
设备维护与保养		设备维护	50		001	能对本压缩装置进行日常维护	X
					002	能完成设备检修时的监护工作	Y
					003	能完成设备检修前的置换、冷却、卸压等工作	Y
		设备保养			001	能确认设备检修的隔离和动火条件，安全交出检修设备	Y
					002	若压缩机组段间或出口存在干燥器，操作人员能更换干燥剂	X
					003	能对停运机组进行各种保护（如充氮保护、防腐保护等）	Y
					004	能按照规定进行备用设备的盘车、保洁等保养工作	Y
事故判断与处理	F	事故判断	20	任选	001	能判断各运行参数波动和改变的原因	X
					002	能判断机组联锁跳车的原因	X
					003	能判断压缩机打气量不足、油耗过大、汽缸温度过高、机组有异音等故障	Y
					004	能判断润滑油变质故障	Y
		事故处理			001	能处理各运行参数的波动及变化	X
					002	能进行机组联锁跳车原因的查找和分析	X
					003	能参与处理机组的打气量不足、油耗过大、汽缸温度过高、机组有异音等故障	Y
					004	能处理润滑油变质故障	Y

中国中车
CRRC

压缩机工(中级工)
技能操作考核样题与分析

职业名称：________________

考核等级：________________

存档编号：________________

考核站名称：________________

鉴定责任人：________________

命题责任人：________________

主管负责人：________________

中国中车股份有限公司劳动工资部制

职业技能鉴定技能操作考核制件图示或内容

1. 启动前检查润滑油油位的操作步骤。
2. 启动前检查电脑板参数的操作步骤。
3. 启动前空压机检查的操作步骤。
4. 水泵启动前，检查电机转向的操作步骤。
5. 启动前空压机及管道密封检查。
6. 螺杆空压机安全阀的作用。
7. 检查螺杆空压机运行中回油管回油情况。
8. 叙述螺杆空压机的自动运行状态。
9. 温控阀的作用。
10. 模拟操作空气滤清器、油气分离器、油过滤器日常维护内容。
11. 设备检修前要进行哪些准备工作。
12. 模拟操作再生式干燥机的操作注意事项。
13. 停运机组的日常保养内容。
14. 备用设备保洁等相关保养内容。
15. 判断排气压力 P_1 过高的原因。
16. 判断油耗过量的原因。
17. 润滑油变质有哪些现象。
18. 排气压力 P_1 过高，怎样排除。
19. 油耗过量，怎样排除。
20. 润滑油变质，怎样排除。

职业名称	压缩机工
考核等级	中级工
试题名称	压缩机工中级技能操作
材质等信息	

职业技能鉴定技能操作考核准备单

职业名称	压缩机工
考核等级	中级工
试题名称	压缩机工中级技能操作

一、材料准备

1. 材料规格。
2. 坯件尺寸。

二、设备、工、量、卡具准备清单

序号	名称	规格	数量	备注
1	螺杆空压机	60 m^3	1	

三、考场准备

1. 相应的公用设备、设备与器具的润滑与冷却等。
2. 相应的场地及安全防范措施。
3. 其他准备。

四、考核内容及要求

1. 考核内容(按考核制件图示及要求制作)。
2. 考核时限60分钟。
3. 考核评分(表)

职业名称	压缩机工		考核等级	中级工	
试题名称	压缩机工初级技能操作试题		考核时限	60 min	
鉴定项目	考核内容	配分	评分标准	扣分说明	得分
启动前准备	启动前检查润滑油油位的操作步骤	4分	一项不正确扣1分		
	启动前检查电脑板参数的操作步骤	4分	一项不正确扣1分		
	启动前空压机检查的操作步骤	4分	一项不正确扣1分		
	水泵启动前,检查电机转向的操作步骤	4分	一项不正确扣1分		
	启动前空压机及管道密封检查	4分	一项不正确扣1分		
开车操作	螺杆空压机安全阀的作用	3分	一项不正确扣1分		
	检查螺杆空压机运行中回油管回油情况	3分	一项不正确扣1分		

续上表

鉴定项目	考核内容	配分	评分标准	扣分说明	得分
运行操作	叙述螺杆空压机的自动运行状态	2分	一项不正确扣1分		
	温控阀的作用	2分	一项不正确扣1分		
设备维护	模拟操作空气滤清器、油气分离器、油过滤器日常维护内容	15分	一项不正确扣1分		
	设备检修前要进行哪些准备工作	15分	一项不正确扣1分		
设备保养	模拟操作再生式干燥机的操作注意事项	10分	一项不正确扣1分		
	停运机组的日常保养内容	10分	一项不正确扣1分		
事故判断	判断排气压力 P_1 过高的原因	3分	一项不正确扣1分		
	判断油耗过量的原因	3分	一项不正确扣1分		
	润滑油变质有哪些现象	4分	一项不正确扣1分		
事故处理	排气压力 P_1 过高，怎样排除故障	3分	一项不正确扣1分		
	油耗过量，怎样排除故障	3分	一项不正确扣1分		
	润滑油变质，怎样排除故障	4分	一项不正确扣1分		
质量、安全、工艺纪律、文明生产等综合考核项目	考核时限	不限	每超时5分钟，扣5分		
	工艺纪律	不限	依据企业有关工艺纪律管理规定执行，每违反一次扣10分		
	劳动保护	不限	依据企业有关劳动保护管理规定执行，每违反一次扣10分		
	文明生产	不限	依据企业有关文明生产管理规定执行，每违反一次扣10分		
	安全生产	不限	依据企业有关安全生产管理规定执行，每违反一次扣10分，有重大安全事故，取消成绩		

职业技能鉴定技能考核制件(内容)分析

职业名称	压缩机工
考核等级	中级工
试题名称	压缩机工中级技能操作试题
职业标准依据	国家职业标准

试题中鉴定项目及鉴定要素的分析与确定

鉴定项目分类 分析事项	基本技能“D”	专业技能“E”	相关技能“F”	合计	数量与占比说明
鉴定项目总数	2	6	2	10	核心职业活动占比大于2/3
选取的鉴定项目数量	1	4	2	7	
选取的鉴定项目数量占比(%)	50	67	100	70	
对应选取鉴定项目所包含的鉴定要素总数	7	13	8	28	鉴定要素数量占比大于60%
选取的鉴定要素数量	5	9	6	20	
选取的鉴定要素数量占比(%)	71	69	75	71	

所选取鉴定项目及相应鉴定要素分解与说明

鉴定项目类别	鉴定项目名称	国家职业标准规定比重(%)	《框架》中鉴定要素名称	本命题中具体鉴定要素分解	配分	评分标准	考核难点说明
“D”	启动前准备	20	能进行润滑油泵及本岗位其他泵自启动试验	启动前检查润滑油油位的操作步骤	4分	答错1点扣1分	润滑油量,视油镜 1/3～3/4之间
			能配合仪表工完成各报警、联锁调试工作以及各控制阀阀位的调试确认	启动前检查电脑板参数的操作步骤	4分	答错1点扣1分	故障报警
			能进行压缩机原动机部分的开车准备工作	启动前空压机检查的操作步骤	5分	答错1点扣1分	仪表、启动柜有无异常声音
			能进行本岗位所有泵的电机单试和联动试泵工作	水泵启动前,检查电机转向的操作步骤	4分	答错1点扣1分	电机转向
			能建立和投入运行机组所需的各种密封系统	启动前空压机及管道密封检查	4分	答错1点扣1分	是否泄漏
“E”	开车操作	60	能进行机组启动后的紧急停车按钮危急保安器,压力、温度联锁等安全保护系统的动作试验	螺杆空压机安全阀的作用	3分	答错1点扣1分	罐压过高
			能调整开车过程中压缩机组的油温、油压、油位等油系统的各项技术参数	检查螺杆空压机运行中回油管回油情况	3分	答错1点扣1分	回油量状况

续上表

鉴定项目类别	鉴定项目名称	国家职业标准规定比重(%)	《框架》中鉴定要素名称	本命题中具体鉴定要素分解	配分	评分标准	考核难点说明
"E"	运行操作	60	能根据生产要求,调节压缩机的运行状况	叙述螺杆空压机的自动运行状态	2分	答错1点扣1分	随管网压力自动调节
			能进行油过滤器、油冷器等设备的切换工作	温控阀的作用	2分	答错1点扣1分	调节油路旁通
	设备维护		能对本压缩装置进行日常维护	模拟操作空气滤清器、油气分离器、油过滤器日常维护内容	15分	答错1点扣1分	更换滤芯
			能完成设备检修前的置换、冷却、卸压等工作	设备检修前要进行哪些准备工作	15分	答错1点扣1分	工具、卸压
	设备保养		若压缩机组段间或出口存在干燥器,操作人员能更换干燥剂	模拟操作再生式干燥机的操作注意事项	10分	答错1点扣1分	进气压力、温度
			能对停运机组进行各种保护(如充氮保护、防腐保护等)	停运机组的日常保养内容	10分	答错1点扣1分	常用备件更换
"F"	事故判断	20	能判断各运行参数波动和改变的原因	判断排气压力 P_1 过高的原因	3分	答错1点扣1分	故障零件的位置、原因
			能判断压缩机打气量不足、油耗过大、汽缸温度过高、机组有异音等故障	判断油耗过量的原因	3分	答错1点扣1分	故障点的位置、原因
			能判断润滑油变质故障	润滑油变质有哪些现象	4分	答错1点扣1分	发泡等故障
	事故处理		能处理各运行参数的波动及变化	排气压力 P_1 过高,怎样排除	3分	答错1点扣1分	气管路泄漏或堵塞
			能参与处理机组的打气量不足、油耗过大、汽缸温度过高、机组有异音等故障	油耗过量,怎样排除	3分	答错1点扣1分	维修油管路系统
			能处理润滑油变质故障	润滑油变质,怎样排除	4分	答错1点扣1分	更换润滑油
质量、安全、工艺纪律、文明生产等综合考核项目				考核时限	不限	每超时10分钟,扣5分	
				工艺纪律	不限	依据企业工艺纪律管理规定执行,每违反一次扣10分	
				劳动保护	不限	依据企业劳动保护管理规定执行,每违反一次扣10分	
				文明生产	不限	依据企业文明生产管理规定执行,每违反一次扣10分